混凝土后植大直径锚栓技术研究

赵宁雨　张俊波　代　坤　著

科 学 出 版 社

北　京

内容简介

本书系统回顾和评价了混凝土中后植锚栓技术领域的研究进展和重要成果。针对混凝土后植大直径锚栓问题，在破坏模式、承载能力、传力机理、设计力学模型等方面进行了深入的讨论。首次揭示了后植大直径锚栓系统界面黏结强度衰减规律及影响因素，并在分析现有力学描述模型和设计计算方法的基础上，给出了后植大直径单锚栓的抗拉承载能力计算方法。

本书可供从事混凝土基础锚固和结构加固工程相关领域的科研、技术人员参考，亦可供设备安装工程相关的技术人员参考。

图书在版编目(CIP)数据

混凝土后植大直径锚栓技术研究 / 赵宁雨，张俊波，代坤著. —北京：科学出版社，2021.7

ISBN 978-7-03-067131-8

Ⅰ.①混… Ⅱ.①赵… ②张… ③代… Ⅲ.①锚杆-研究 Ⅳ.①TU94

中国版本图书馆 CIP 数据核字（2020）第 243187 号

责任编辑：刘莉莉／责任校对：彭 映

责任印制：罗 科／封面设计：墨创文化

科学出版社出版

北京东黄城根北街16号

邮政编码：100717

http://www.sciencep.com

四川煤田地质制图印刷厂印刷

科学出版社发行 各地新华书店经销

*

2021年7月第 一 版 开本：B5（720×1000）

2021年7月第一次印刷 印张：8

字数：160 000

定价：99.00 元

（如有印装质量问题，我社负责调换）

前　言

随着后建筑时代的到来，后植锚栓技术在结构维护和改造中的用途正变得越来越广泛和重要。在交通、冶金、机械、化工、电力、船舶、核电等工业领域，一些大型机械设备和装置的建设或改造中，因安装精度要求很高(中心轴线偏差一般小于 1mm)预埋锚栓无法准确定位或工程环境等条件限制，而常采用设计和施工布局灵活的后植化学锚栓进行基础锚固，锚栓直径范围常达 40～150mm。后植大直径锚栓形式多样、种类繁多、性能差异大的问题，使如何科学合理地设计后植大直径锚栓，摆脱过往对其可靠性认识的偏差成为需要解决的问题。

迄今为止，国内外学者对后植化学锚栓的研究集中在直径为 6～28mm 的范围。试验表明后植大直径化学锚栓具有特殊的破坏模式和传力性能，能适应这种变化的理论和规范还较为匮乏。现有 ACI 318 和 ETAG-001 规范还没有后植化学锚栓的内容。《混凝土结构后锚固技术规程》(JGJ 145—2013)针对直径小于 40mm 的后植化学锚栓给出了平均黏结强度的设计方法，并规定了 2～6MPa 的黏结强度值，作者的前期研究表明这一规定应用于大直径锚栓潜在的低安全储备和高风险问题。大型设备重量大、运行荷载高，但为了获得锚栓钢材破坏模式，采用加大锚固深度的做法，会导致钻孔垂直度和注胶凝固养护差等施工质量问题十分突出，并且实践证明这种方法并不可行。埋深(6～20)d(d 为锚栓直径)条件复合破坏模式的现场个别试验方式，代表性差。对复合破坏模式的理论认识不足，使不科学的设计和施工造成的基础锚固失效等问题时常发生，引发重大生产安全事故。

在长期研究基础上，对后植大直径锚栓的破坏模式、承载能力、传力机理、设计力学模型等方面进行了深入的论述。主要内容有：

(1) 从理论上推导了轴向荷载作用下主要黏结材料的几何边界条件下弹性承载能力的计算公式，并以此公式为基础，通过依赖少数参数来绘制轴向荷载作用下锚栓的轴力和相邻黏结界面上的剪应力分布图，并对其进行了实用性分析。

(2) 通过大量变化各种设计参数试件的试验研究，研究了后植大直径黏结锚栓的基本受力机理。并针对主要工程应用条件下的复合破坏模式，通过变化锚固深度和锚栓直径的静力试验，研究了后植大直径锚栓的破坏特征、极限承载能力和胶-栓界面黏结剪应力的分布特征。

(3) 通过与试验结果对比的非线性有限元分析，验证了所提出的数值模型中相关参数的合理性和结果的可信度，拓宽了多参数的条件研究。使用非线性有限元方法对不同锚栓直径、不同埋置深度、不同组合形式等条件下，影响锚栓或群锚承载能力的因素进行了系统分析。研究了混凝土强度-黏结剪应力，锚栓直径-黏结剪应力等之间的关系。试验结果表明《混凝土结构后锚固技术规程》(JGJ 145—2013)推荐的黏结强度值对于后植大直径锚栓来说，具有安全储备偏小的风险。

(4)在理论分析、试验研究、非线性数值分析的基础上，对已有以小直径锚栓试验数据为基础的力学描述模型和设计计算方法进行了分析，评价了各个模型的优势和不足，分析了它们各自的适用条件。并给出了有机黏结剂和环氧砂浆黏结剂条件下后植大直径单锚的设计方法。

(5)通过分析后植大直径群锚的锚栓间距、埋深、直径等因素的相互影响关系，采用基于CCD群锚设计的结构可靠性统计分析方法，确定了后植大直径群锚的设计参数取值和方法。最后结合桥隧工程进行了应用验证。

本书针对后植大直径锚栓设计方法的问题进行了研究，希望能够为后植大直径锚栓的设计计算提供一些有益的参考。

目 录

第 1 章 引论……1
1.1 引言……1
1.2 后锚固技术国内外研究现状……5
1.2.1 后植锚栓技术应用现状……5
1.2.2 后植锚栓种类……6
1.2.3 锚固材料的发展现状……7
1.2.4 后植锚栓工艺……7
1.2.5 单锚的破坏模式……9
1.2.6 黏结强度的影响因素……12
1.2.7 群锚设计方法的研究现状……14
1.2.8 现有单锚栓设计力学描述模型……15
第 2 章 后植锚栓的弹性计算方法……17
2.1 既有计算理论和力学模型的评述……17
2.2 适用于有机黏结剂情况的弹性方法……18
2.3 适用于环氧砂浆黏结剂的后植 大直径锚栓系统的弹性方法……20
2.3.1 边界条件及问题概述……20
2.3.2 基本假设条件……21
2.3.3 基本方程的推导……22
2.3.4 实际边界条件下的解……22
2.3.5 对以上推导结果的讨论……26
2.4 本章小结……27
第 3 章 单锚栓轴向荷载作用下的试验研究……28
3.1 试验概况……28
3.1.1 试验目的及工况……28
3.1.2 试件的制作和加工……32
3.1.3 试验加载及量测装置……35
3.1.4 试验加载测试过程的控制……35
3.2 有机胶黏结剂试验结果及分析……37
3.2.1 破坏模式及机理分析……37

3.2.2 混凝土位移及锚栓滑移分析 ······43
3.2.3 锚栓轴力及黏结剪应力分布规律······45
3.2.4 承载能力分析······51
3.3 环氧砂浆黏结试验结果及分析 ······52
3.3.1 破坏模式及特征分析······52
3.3.2 位移-荷载关系······55
3.3.3 黏结剪应力分布规律······56
3.3.4 承载能力分析······58
3.4 试验结果与现有规程的对比 ······59
3.4.1 与 ACI 318 和 ETAG-001 的对比分析 ······59
3.4.2 与《混凝土结构后锚固技术规程》(JGJ 145—2013)的对比分析 ······61
3.5 本章小结 ······63
第 4 章 非线性数值分析及试验对比 ······64
4.1 数值分析的理论基础和实现方法······64
4.1.1 混凝土材料模型······64
4.1.2 模拟胶体黏结行为的材料的本构模型的选取 ······67
4.1.3 锚栓的材料力学模型······69
4.1.4 材料参数取值······70
4.1.5 胶体黏结性能的数值试验 ······73
4.2 单锚栓的数值分析及结果 ······74
4.2.1 非线性数值分析工况和几何模型······74
4.2.2 单锚栓的破坏模式分析 ······76
4.2.3 单锚栓的位移分析······78
4.2.4 黏结剪应力的分布规律及作用机理······79
4.2.5 极限承载能力与模型和试验数据的对比 ······82
4.3 群锚非线性数值分析······83
4.3.1 群锚的数值分析结果······84
4.3.2 各参数之间的影响关系 ······88
4.3.3 临界距离分析······93
4.4 本章小结 ······93
第 5 章 后植大直径锚栓的设计方法与应用研究 ······95
5.1 后植大直径单锚栓的设计方法 ······95
5.1.1 基于试验和非线性数值分析数据基础的已有主要计算方法分析 ······95
5.1.2 复合破坏模式下后植大直径锚栓极限承载能力计算方法······99
5.1.3 环氧砂浆黏结锚栓的单锚栓承载能力设计方法 ······100
5.2 后植大直径群锚的力学模型及设计方法······102

5.3 后植大直径锚栓的应用验证……108
5.3.1 重庆市轨道交通某车站大型立式风机悬吊安装设计……108
5.3.2 贵州某特大桥索塔塔吊后锚加固设计……110
5.4 本章小结……112
参考文献……114
附录……118

第1章 引　论

1.1 引　言

在交通、冶金、机械、化工、电力、船舶、核电等工业领域，一些大型机械设备、装置和结构的建设或改造中，因安装精度要求很高(中心轴线偏差一般小于1mm)预埋锚栓无法准确定位或工程环境等条件限制，而常采用设计和施工布局灵活的后植化学锚栓进行基础锚固，锚栓直径范围常达40～150mm。如轨道交通领域，受设备复杂性和主体结构施工工法的制约，一些重大设备的固定问题很难用设置预埋件的方法来完成，只能采用设计和施工布局灵活的后植大直径锚栓方法解决。另外，据中国有色金属工业第六冶金建设公司统计，至2004年止该公司在有色、冶金、电力等工程中共后植直径超过50mm的化学锚栓超过1000根；另据中冶赛迪集团有限公司统计，1990年到2010年间重钢、攀钢、武钢和宝钢等企业用于轧机、飞剪机、开荒机等设备改造工程中的后植直径超过40mm的化学锚栓数量超过900根。可以预见，在经济发展持续下行的环境下，为适应激烈的市场竞争和不断增大的环保压力，重工业领域设备技改活动加强对后植大直径化学锚栓的应用需求还将持续增大。后植式锚栓形式多样、种类繁多、性能差异大的问题使如何科学合理地设计后植大直径锚栓，摆脱过往对其可靠性认识偏差是一个重要的问题。

迄今为止，国内外学者对后植化学锚栓的研究集中在直径为6～28mm的范围。试验表明后植大直径化学锚栓具有特殊的破坏模式和传力性能，能适应这种变化的理论和规范还较为匮乏。现有ACI 318和ETAG-001规范还没有后植化学锚栓的内容。《混凝土结构后锚固技术规程》(JGJ 145—2013)针对直径小于40mm后植化学锚栓给出了平均黏结强度的设计方法，并规定了2～6MPa的黏结强度值，作者的前期研究已指出了这一规定应用于大直径锚栓潜在的低安全储备和高风险问题。大型设备重量大、运行荷载高，但为了获得锚栓钢材破坏模式，采用加大锚固深度的做法，会导致钻孔垂直度和注胶凝固养护差等施工质量问题十分突出，并且实践证明这种方法并不可行。埋深(6～20)d条件复合破坏模式的现场个别试验方式，代表性差。对复合破坏模式的理论认识不足，使不科学的设计和施工造成的基础锚固失效等问题时常发生，引发重大生产安全事故，如2007年6月攀钢长尺轨5#轧机和2002年4月胜利石化总厂2#常压塔锚栓基础混凝土受拉开裂导致整条生产线长时间停车，造成巨大经济损失和安全隐患。为此，中国冶金建设协会于 2012 年启动了《冶金行业设备基础后置锚栓技术规范》的编制研究工作，显示了这一问题的紧迫性。

来源于采矿业的锚固技术，最初是通过以水泥砂浆为黏结剂向岩体植入锚杆来提高矿井通道围岩的稳定性，经过了长期的发展而得到了大量的工程应用。近二十年来，随着高性能黏结材料的产生和发展，以及锚固技术相对低廉的施工成本及其在设计和施工布局上的灵活性等优点，黏结式后锚固技术在结构改造与加固工程中越来越受到重视和应用。相对于传统的预埋锚栓技术而言，黏结式锚固技术目前还没有被广泛接受的工程规范可以参照，同时工程师们对锚固基座混凝土受拉破坏的担忧，使得后锚固技术常被用于轻荷载的临时性结构工程中，黏结式后锚固技术一直被认为是一种不能承受重荷载的工程结构。随着现代工业水平的发展，以及国外成功经验的支持，黏结式后锚固技术的应用范围正在逐步扩大。随着我国后建筑时代的到来，结构加固与改造中采用黏结锚固技术来获得设计和施工上的便利正成为不可避免的趋势，如大型地铁车站立式风机的悬吊安装(图 1-1)、冷却塔基础的锚固安装(图 1-2)、既有隧道改善运营条件的风机吊装(图 1-3)、钢结构基础锚固结构(图 1-4)、冶金机械基础锚固(图 1-5)。后植大直径锚栓的另一重要应用是在大型工程设备和老旧机械设备改造工程中，为保证施工进度而常采用后植大直径锚栓的方法进行锚固固定(图 1-6)。这些结构中有些是重荷载锚固，有的是为保障人员安全以应对可能出现非常规荷载的紧急设施，近些年，由于后锚固技术导致的地下结构灾害的事故也时有发生(图 1-7)。一方面是由于地下结构数目越来越多，另一方面也是由于大众对地下结构的安全问题越来越关注。虽然后植大直径锚栓在地下结构中的应用已较为广泛，但对其荷载作用下的受力和传力机理的认识和科学的设计方法方面的研究还较少。且国内外相关规范仅给出了有限的设计方法，有关大直径化学锚栓的研究和应用资料也还不多见。

图 1-1 大型立式风机悬吊安装

图 1-2 冷却塔基础的锚固安装

图 1-3 运营隧道新安装风机

图 1-4 钢结构基础锚固结构

图 1-5 冶金机械基础锚固

图 1-6　石油工业大型设备基础锚固

图 1-7　隧道风机锚固失效

目前，ACI 318 和 ETAG-001 等欧美规范主要针对后植机械式和预埋锚栓的设计情况，我国《混凝土结构后锚固技术规程》(JGJ 145—2013)所针对的是锚栓直径 d<28mm 的锚栓。对于后植黏结式锚栓问题，以 Ronald A. Cook、Rolf Eligehausen 等为代表的学者的研究范围集中在直径为 6～24mm 的锚栓。他们通过对试验资料的总结和数值分析分别提出了一些描述化学植筋承载能力的计算模型和群锚系统的设计方法。到目前为止，仍没有一种方法得到广泛的认可，而被列入相关规范正式条文。

化学黏结式后植大直径锚栓设计内容主要包含单锚设计、边距及间距设计和群锚的设计等，其中单锚栓的锚固性能研究是其他设计状态的基础。鉴于后植锚栓设计模型还未获得最终的定型，尤其是地下工程中使用的重荷载大直径后植锚栓技术的应用和研究还未得到系统的展开，因此，本书结合弹性分析、试验研究和非线性数值分析，对后植大直径锚栓在混凝土表面浅锥体+下部黏结破坏的复合破坏形式下的锚固性能、破坏模式、极限承载能力、黏结应力分布和相应设计参数与方法等问题进行研究，为地下结构中大型设备锚固和重要附属结构的设计提供基础资料，也为其他行业的相关应用提供一些参考。

1.2　后锚固技术国内外研究现状

1.2.1　后植锚栓技术应用现状

在后建筑时代背景下，各个行业的工业与民用结构和设备的安全运营对保障人民的生命安全和社会的有序运行十分重要[1]。设备或结构的改造和加固工程需要在已施工完成的主体结构上进行固定和安装。由于设备和加固结构的复杂性以及主体结构施工工法的制约，设备的固定问题很难用设置预埋件的方法来完成，只能采取后植锚栓的方法来解决，而后植式锚栓又存在形式多样、种类繁多、性能差异大的问题[2-18]。

后锚固技术中被 ACI 318、ETAG-001 以及我国《混凝土结构后锚固技术规程》(JGJ 145—2013)(以下简称《规程》)接受的部分是关于传统机械式锚栓的技术。但《规程》规定：膨胀型锚栓和扩孔型锚栓不得用于受拉、边缘受剪($c<10h_{ef}$)(c为锚栓与混凝土基材边缘的距离；h_{ef} 为锚栓有效锚固深度)、拉剪复合受力的结构构件及生命线工程中非结构构件的后锚固连接[19-25]。

如在地铁工程领域，应急逃生通道、疏散平台、接触网和其他保障列车安全运行的机械电气工程应属生命线工程，不符合《规程》的要求；另一方面，按《混凝土结构加固设计规范》(GB 50367—2013)的条文规定进行计算，在荷载作用下大部分地铁工程中需要后植的锚栓埋深需在 $20d$ 以上，故而较大直径的后植锚栓成为可行的选择(图 1-8)。地下工程结构特殊的工作环境使其明显区别于一般的工业民用建筑。其特殊性主要表现在如下几个方面[26-27]：

(1)列车高速行驶和风洞效应，以及大型设备本身工作引起的振动问题，在规范中往往采用数倍静力承载力的方法来满足振动冲击荷载要求。

(2)地下结构环境中的地下水引起的腐蚀和杂散电流问题，对锚栓安装时钻孔的干燥度影响，以及后期的电化学腐蚀问题。

(3)隧道发生火灾时局部温度急剧升高要求的耐高温问题。

通过试验测试和在欧美地区大量工程应用的检验，我国北京、上海、成都、重庆等地铁工程中的通风空调、给排水、FAS、BAS、AFC、供电、通信信号、专业管线等方面的后植锚栓技术被越来越多地应用，这种方便的锚固形式逐渐成为一种趋势，还在不断得到更重要的应用。

(a) 地铁隧道接触网的后锚固安装

(b) 地下空间小型风机的悬吊安装　(c) TBM隧道疏散平台安装在管片上的锚固

图 1-8　后植黏结式锚固在地下结构中的一些应用情况

1.2.2　后植锚栓种类

在混凝土基座中进行的锚固系统可以分为预埋锚栓和后植锚栓；后植锚栓根据锚固的传力机理的不同又可以分为机械式后锚固和黏结式后锚固。为了在锚固点布置、设计和施工上获得较大的灵活性和快捷便利，后植锚栓的方式无论在结构加固、新建结构或临时锚固上都应用得越来越广泛。图 1-9 为锚固体系的基本类型，图 1-10 为黏结形式的锚固分类。

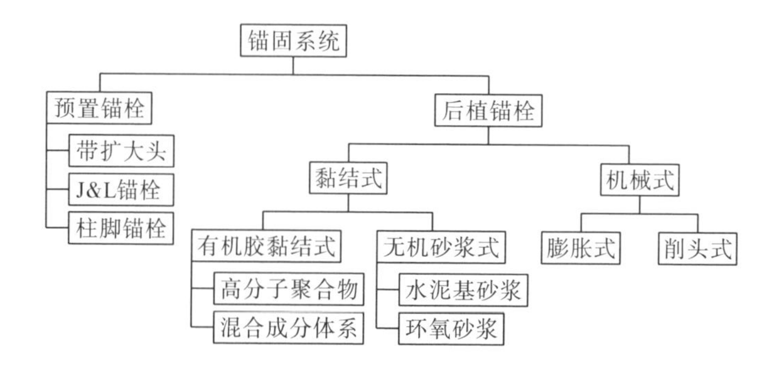

图 1-9　锚固的基本种类

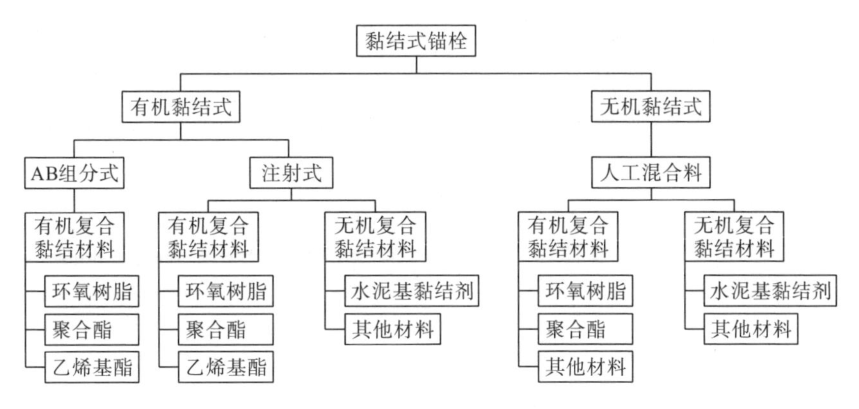

图 1-10 后植黏结式锚固的基本种类

1.2.3 锚固材料的发展现状

目前工程中常用的黏结材料主要有以下几类：

(1) 第一种常用的黏结剂是以环氧树脂合成物为组分 A，以固化剂为组分 B 的一种黏结剂产品，大部分国家都建立了这种产品的生产和性能标准。它的主要特点是依靠 AB 组分混合后发生化学放热反应来实现黏结剂的固化，这种产品具有长期的耐久性，保质期也很长，不会出现长期使用后的收缩问题。

(2) 第二种常用的黏结剂是过氧化苯甲酰聚合酯和对应的催化剂的组合。由于过氧化苯甲酰的存在，此种黏结剂放热固化时间较环氧树脂合成物黏结剂快很多。因此，此种黏结剂的保质期较短，性能受紫外线和外界温度作用的影响而退化较严重。

(3) 第三种是乙烯基酯和其对应的催化剂的组合。此种乙烯基酯的主要成分为过氧化苯甲酰聚合脂，因而其性能与第二种黏结剂类似。

(4) 第四种是以水泥质无机物成分为主，并添加部分有机物的混合黏结剂。由于水泥的存在增加了黏结剂固化后的刚度，其相对其他有机黏结剂造价上的优势和水泥质流动性的优势使其在施工上具有较好的优势，其固化后的黏结剂对热环境作用下的收缩也具有较好的抵抗性。

综合而言，在工程中得到广泛应用的是第一和第四种黏结材料，在我国地下工程应用中的代表性产品分别是喜利得、慧鱼和纽维逊。

1.2.4 后植锚栓工艺

1.2.4.1 钻孔工艺对黏结强度的影响

后植锚栓施工技术中，钻孔的方法通常有两种：一是通过冲击钻(电锤钻头)的方法获得直径较小的钻孔；二是通过岩心钻(金刚石取心钻头)获得较大孔径的钻孔。通过冲击钻获得的圆柱形孔，一般在圆形孔径壁面上形成波浪形的粗糙纹路。对于较大直径的钻孔，使用岩心钻探是理想的方式，由于旋转钻进加上冷却和润滑过程需要使用水，这样产生的钻孔具有比冲击钻更光滑的表面。由于钻孔壁面的光滑性和切削用水导致的湿润，其黏结强度会受到影响。克服的方法是采用钻孔脱水技术[28]。

为了评估钻孔方式对黏结强度 τ_u 的影响，Unterwerger 研究了两种钻孔方式对黏结强度的影响(黏结剪应力假设为均匀分布)，钻孔方式对黏结强度的影响如图 1-11 所示，结果表明：采用注射式环氧树脂黏结剂时得到的平均破坏荷载的黏结强度，锤钻制备的黏结强度($\tau_{u,锤钻}$)比岩心钻($\tau_{u,岩心钻}$)(金刚石取心钻头)大约 15%。

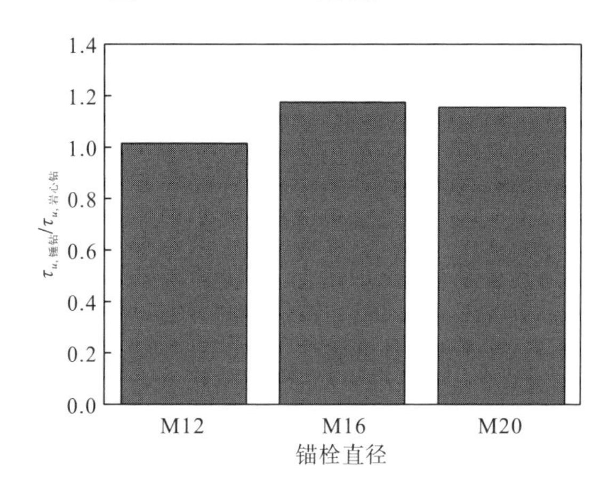

图 1-11 钻孔方式对黏结强度的影响(锤击钻/金刚石钻)

1.2.4.2 清孔质量对黏结强度的影响

在后锚固施工过程中，安装前的清孔是一个重要的环节。Meszaros 和 Eligehausen[29]的试验表明：对同一品种胶的产品，清孔质量差可使荷载损耗达到约 60%(图 1-12)。此外，Cook[30]研究发现黏结剂产品品种对清孔质量也存在依赖性(图 1-13)。

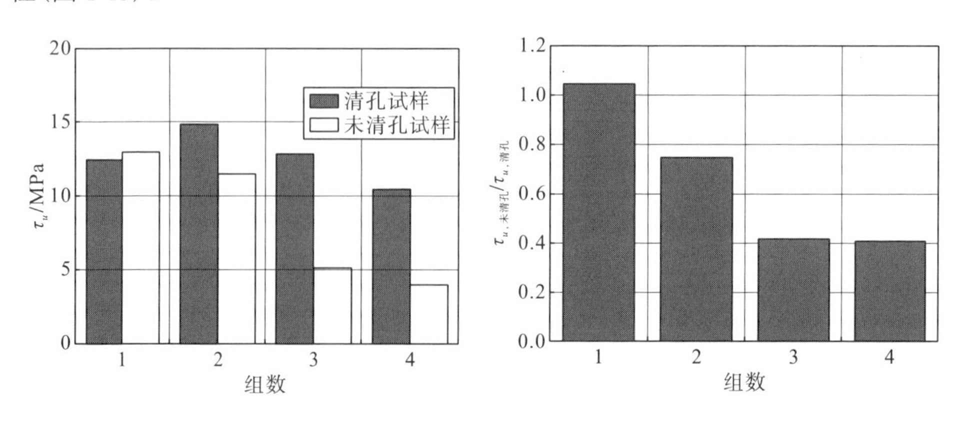

图 1-12 清孔质量对黏结强度的影响

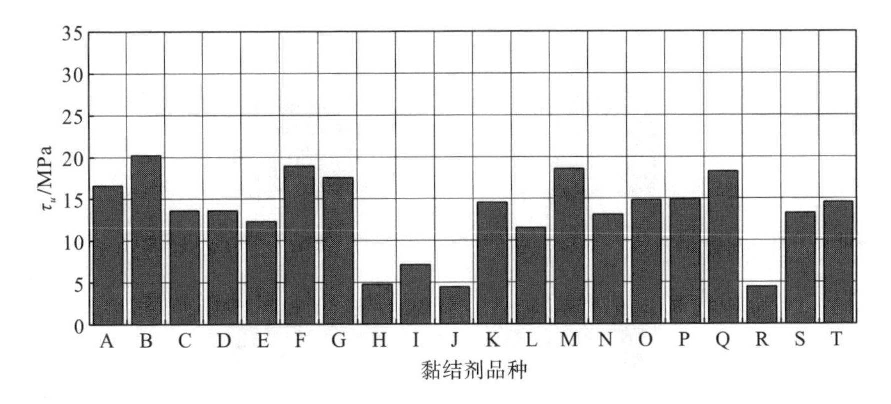

图 1-13　不同黏结剂产品对清孔质量的敏感性

1.2.5　单锚的破坏模式

1.2.5.1　轴向荷载作用下的拔出破坏

通过前人大量的试验研究[28-36]，后植锚栓(单锚或单筋)在极限荷载下的主要破坏模式有：

(1)混凝土锥体破坏

当锚栓的锚固深度较小时［Cook[30]、Luke 等[31]通过试验数据整理认为：一般锚固深度 h_{ef} 在(3～5)d 之间］，发生如图 1-14(a)所示的混凝土锥体破坏，此时的破坏强度由混凝土的抗拉性能主导。

(2)黏结破坏

当植筋胶的黏结性能较差、钻孔灌注施工不可靠、养护不合理，胶体的黏结强度小于发生锥体破坏和锚栓钢材破坏的强度时，发生如图 1-14(b)所示的完全黏结破坏。

(3)复合破坏

在实际工程应用的大多数情况下，尤其是在重荷载条件下的后植锚栓时，有效锚固深度 h_{ef} 常在(5～15)d 之间。此时，根据 Eligehausen 等[37]的统计资料，在小直径锚栓情况下常发生的破坏模式是如图 1-14(c)所示的混凝土锥体+黏结破坏的复合模式。

(4)锚栓钢材破坏

当锚栓的锚固深度超过锚栓钢材所能提供的抗拔强度后，锚栓在混凝土表面以上部分的屈服颈缩而导致锚栓材料破坏，如图 1-14(d)所示。

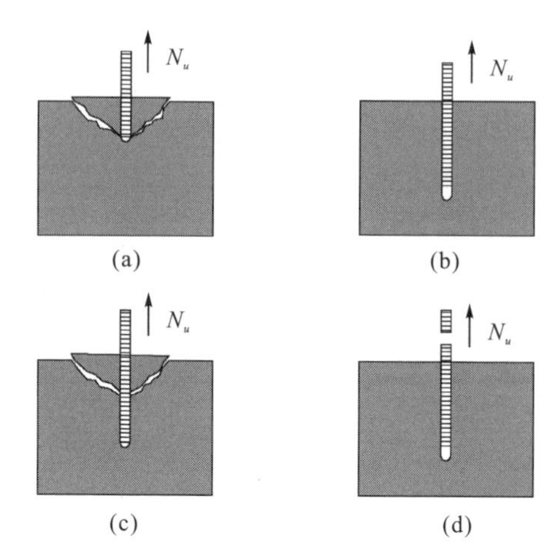

图 1-14 后植锚栓的基本破坏模式(单筋)

N_u为极限拉拔力

其中，黏结破坏又可分为胶-混界面、胶-栓界面、胶-混-栓界面破坏等类型，如图 1-15 所示。

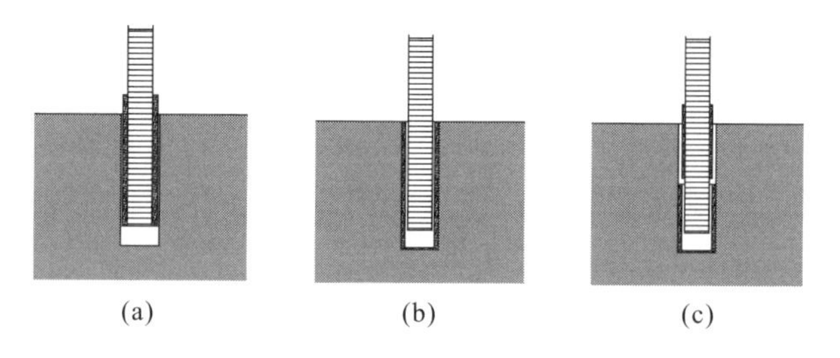

图 1-15 黏结破坏模式的种类

1.2.5.2 轴向荷载作用下的劈裂破坏

当受锚固混凝土基座非常薄时(混凝土基座厚度 $H<1.2\,h_{ef}$)[20]，黏结锚栓在轴向荷载作用下易产生劈裂破坏(图 1-16)。

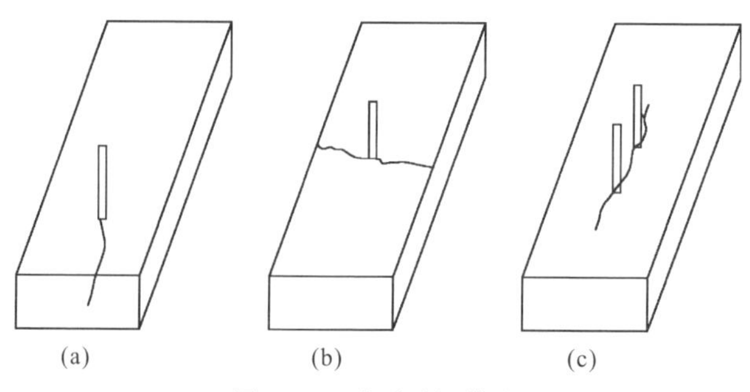

图 1-16 劈裂破坏模式

1.2.5.3　水平荷载作用下(剪切)的破坏模式

通常发生的水平荷载作用下的破坏模式如图 1-17 所示。当板厚 $h \leqslant 1.5h_{ef}$时，可能发生图 1-17(b_2)的破坏模式；当厚度超过上述限值，锚栓靠近板的边缘距离 $c \leqslant 1.0h_{ef}$时，易发生图 1-17(a)中的三种破坏模式。

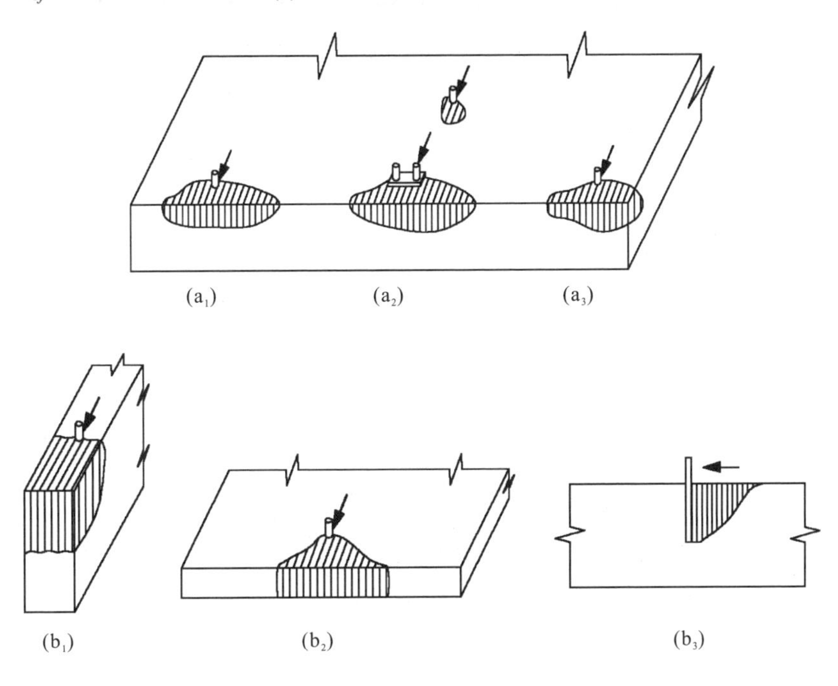

图 1-17　水平荷载(剪切)作用下的破坏模式

1.2.5.4　轴向荷载作用下的边缘破坏

当锚栓被安装在混凝土基座边缘($c<1.5h_{ef}$)时，发生如图 1-18 所示的边缘破坏模式。

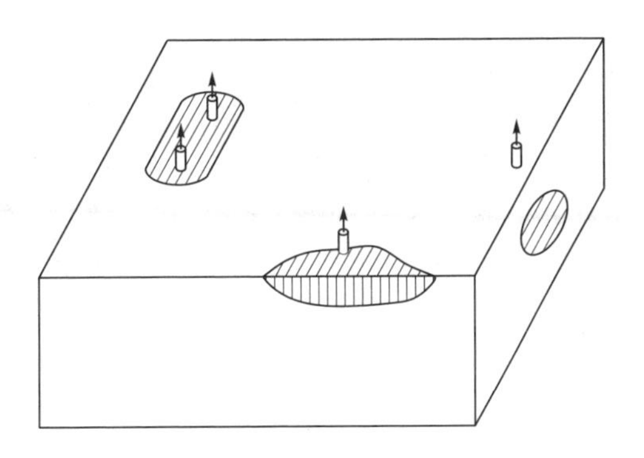

图 1-18　轴向荷载作用下的边缘破坏模式

1.2.6 黏结强度的影响因素

1.2.6.1 黏结剂品种的影响

在假设沿埋深均匀分布的黏结剪应力条件下，Lehr 等[38]分别在低强度混凝土(混凝土轴心抗压强度 f_c=25MPa)和高强度混凝土(f_c=55MPa)基座中对三种不同的黏结材料产品进行了试验，其黏结剂品种对黏结强度的影响如图 1-19 所示。Cook 等[39]采用相同混凝土强度基座对 20 个不同产品类型的黏结剂(黏结剂编号为 A～T)进行试验(图 1-20)，表明黏结强度依赖于黏结剂的产品种类。

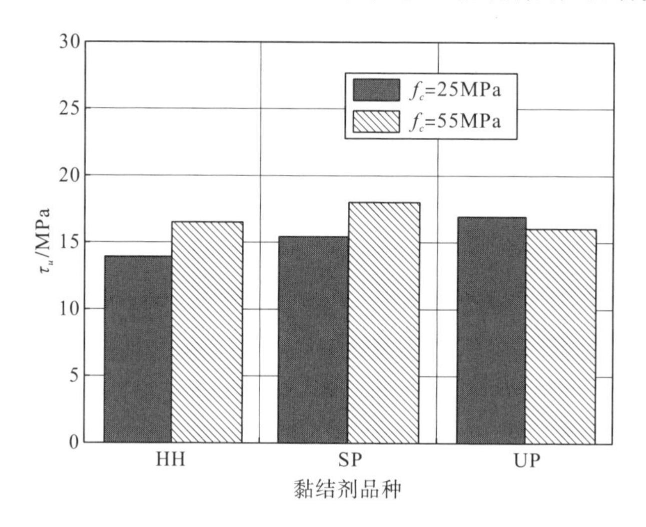

图 1-19 黏结剂品种对黏结强度的影响

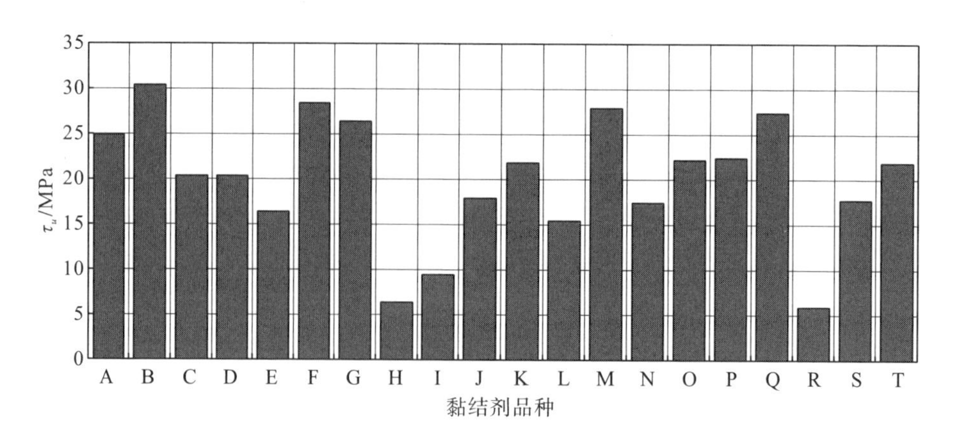

图 1-20 黏结剂品种对黏结强度的影响

1.2.6.2 锚栓直径对黏结强度的影响

针对黏结强度与锚栓直径之间的关系，Cook[30]和 Meszaros 等[29]采用直径为8～24mm 的锚栓进行了相关的试验。试验中分别选用不同黏结剂在相同锚固深度时变化锚杆直径，按平均黏结强度假设计算的黏结剪应力如图 1-21 所示。从图中看，黏结强度 τ_u 与锚杆直径之间的关系并不十分明确。

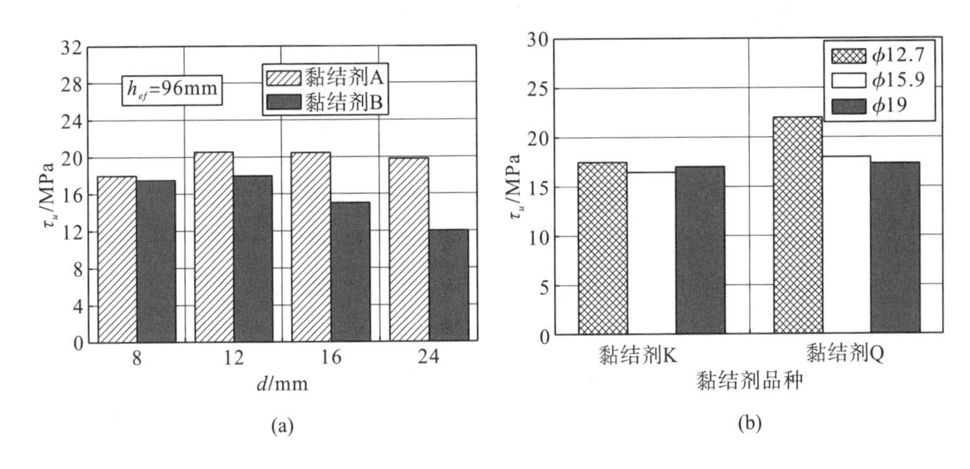

图 1-21 黏结强度对锚杆直径的影响

1.2.6.3 混凝土强度对黏结强度的影响

图 1-22 为 Eligehausen 等[37]采用不同黏结剂品种不同基座混凝土强度（f_c=55MPa 和 f_c=25MPa）时黏结剪应力的比值。从图中可以看出，大多数黏结剂对基座混凝土强度的影响较小（其比值在 1.0 附近）。混凝土强度 f_c 的影响是依赖于破坏模式的，尤其是浅埋时的混凝土锥体破坏（混凝土受拉控制）[40]。

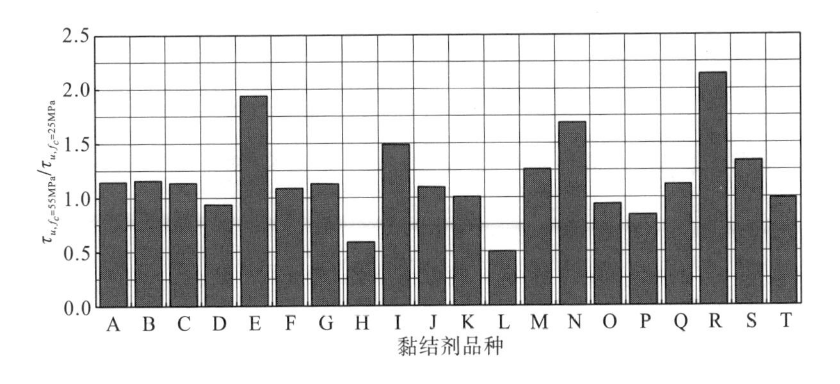

图 1-22 混凝土强度对黏结强度的影响

1.2.6.4 温度对黏结强度的影响

为了研究温度对黏结强度的影响，Mccartney 等[41]分别对复合砂浆和乙烯基树脂黏结剂的后植锚栓试件进行了不同温度的试验，试验结果如图 1-23 所示，两种材料的黏结强度基本随温度升高而下降。温度为 80℃时乙烯基树脂的黏结强度比 20℃时下降约 30%，复合砂浆黏结剂在温度超过 80℃后，黏结强度急剧下降，而乙烯基树脂黏结剂在超过 120℃后才迅速地下降。但这一结果和其他人(Cook 等[42])的试验结果并不相符。

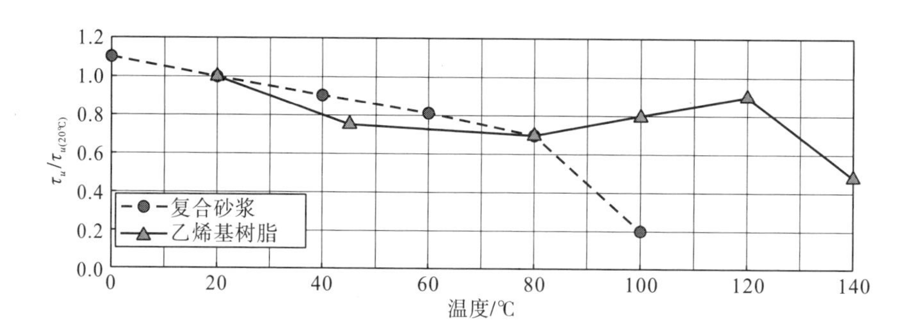

图 1-23 温度对黏结强度的影响

1.2.7 群锚设计方法的研究现状

1.2.7.1 基于 CCD(concrete capacity design)方法的群锚设计

以 CCD 方法为基础的 ACI 318 规范关于群锚的设计方法是针对预埋锚栓和后植机械式锚栓的。其基本思想是机械式锚栓的混凝土锥体破坏模式下的混凝土锥体平面投影面的混凝土抗拉强度控制极限承载能力，如图 1-24 所示。

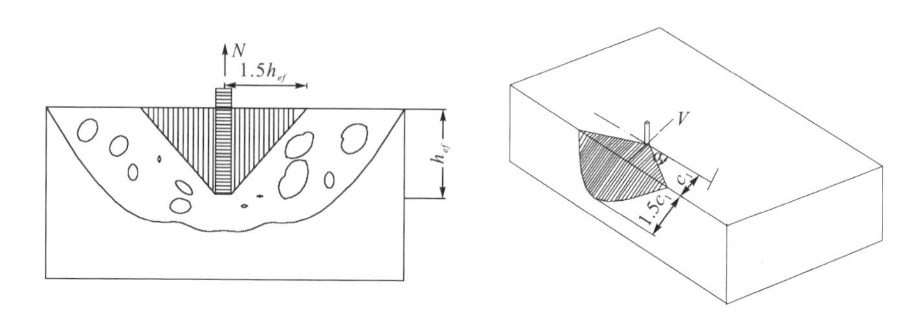

图 1-24 基于 CCD 方法的机械式群锚设计原理

1.2.7.2 后植小直径群锚的设计方法研究

后植化学黏结剂锚栓的前人研究主要集中在锚栓直径6～24mm，其单锚栓的承载能力力学描述模型和计算方法目前还存在多种看法，其中最简单实用的平均黏结剪应力模型为多数人所认可。在此基础上，群锚的设计方法主要是以CCD方法为基础，以确定锚栓临界间距 s_{cr} 的值为核心的公式[40]。

1.2.8 现有单锚栓设计力学描述模型

1.2.8.1 混合破坏模式模型

Cones[43]和 James 等[44]针对带扩大头锚栓锥体+混凝土-砂浆界面复合破坏模式［图1-14(c)］，提出了相应的承载能力计算方法。其极限承载力描述公式：

$$N_u = f_t A_1 + uA_2 + f_g A_3 \tag{1-1}$$

式中，$A_1=\pi\left(r_s^2-r^2\right)$，为锥体在平面内的投影面积；$A_2=2\pi r[h_{ef}-\left(r_s-r\right)\tan\theta]\geqslant 0$，为混凝土锚固砂浆黏结破坏段表面积；$A_3=\pi\left(r^2-r_h^2\right)\geqslant 0$，为锚固砂浆环与钻孔底部的接触面积；$f_t$ 为混凝土抗拉强度；f_g 为砂浆料的抗拉强度；u 为混凝土锚固砂浆界面黏结强度(平均剪应力)；θ 为锥体斜面与水平面的夹角，取45°；r_s 为锥体在混凝土表面的半径；h_{ef} 为锚栓有效锚固深度；r 为锚栓的半径；r_h 为钻孔半径。

$$Z = \frac{1}{2}(u/f_t - 1/\tan\theta)d_h\tan^2\theta \tag{1-2}$$

式中，Z 为混凝土锥体控制深度；d_h 为钻孔直径。

锥体深度控制公式表明：其依赖于混凝土抗拉强度和钻孔直径。当 θ 取45°时，u/f_t 取值在3～5之间，则锥体高度在1～2倍钻孔直径范围内。此外，以上公式的基本假设是锥体破坏仅仅考虑混凝土的拉伸强度，混凝土的剪胀效应和抗剪强度均未考虑。且试验证实，混凝土与砂浆界面的黏结会随混凝土的开裂而丧失。

1.2.8.2 CCD-ACI 318 方法

由于环氧砂浆锚固与有机胶锚栓具有类似的传力机理和破坏模式，用于描述有机胶锚栓的模型可以用来讨论环氧砂浆黏结锚栓的承载能力。CCD(concrete capacity design)方法是基于各种混凝土锥体破坏模式下的试验发展而来的，锥体是从锚栓埋深底端向混凝土表面发展而来的，这种方法已经被ACI 318采用。

CCD方法是Fuchs等[40]于1995年提出的，主要用来描述预埋锚栓和机械式后锚固锚栓在轴向拉拔荷载作用下的极限承载能力，在非开裂混凝土中的表达式为

$$N_u = k_c h_{ef}^{1.5}\sqrt{f_c} \tag{1-3}$$

k_c 为反映混凝土强度和有效锚固深度的修正系数。k_c =13.5 时，后植机械锚栓；k_c =15.5 时，预埋锚栓；k_c =16.7 时，预埋带扩大头的锚栓。

1.2.8.3 平均黏结强度方法

平均黏结强度方法是基于有机黏结剂锚栓在趋于极限荷载时沿锚栓长度方向上的黏结应力趋于均匀分布的假设而提出的。其基本形式是

$$N_{\tau} = \tau \pi d h_{ef} \tag{1-4}$$

$$N_{\tau_0} = \tau_0 \pi d_h h_{ef} \tag{1-5}$$

式中，τ 、N_{τ} 分别为锚栓与黏结剂之间的黏结强度和与其对应的拉拔力；τ_0、N_{τ_0} 分别为混凝土与黏结剂之间的黏结强度和与其对应的拉拔力。

有机胶的黏结破坏一般同时发生在胶-混界面和胶-栓界面，较难于准确区分，且钻孔直径 d_h 随施工的情况变化较大，不易控制，但有机黏结胶层一般较薄，使用锚栓直径 d 计算黏结面积不致引起过大的误差。但在无机砂浆锚固中钻孔直径一般大于 50%的锚栓直径，不区分 d_h 和 d 的做法是行不通的。

Cook 等[45]和 Spieth 等[46]对前人的工作进行了总结，给出了图 1-25 所示的后植小直径单锚栓承载能力计算模型区分图。

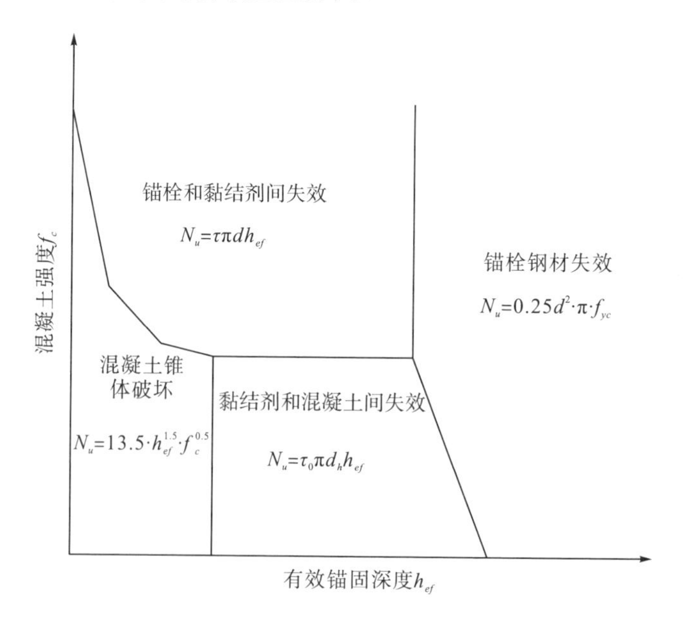

图 1-25 后植小直径单锚栓各种计算模型的区划图

f_{yc} 为锚栓屈服强度

第 2 章　后植锚栓的弹性计算方法

2.1　既有计算理论和力学模型的评述

随着高性能黏结剂的产生，后植锚栓技术在工程中得到广泛应用。如何从理论上计算各种条件下后植锚栓的承载能力，为工程设计施工提供科学的理论依据，便成为一个重要的问题。后植锚栓的理论计算方法主要有两大类，一类是以弹性力学为基础的解析方法，另一类是利用有限元技术进行数值分析模拟。

采用理论求解的方法来计算后锚固问题在当前“规范”中还不够明确[19-24]。特别是通过黏结剂方式进行后植的锚栓相关规范中还没有明确或者还存在问题[9]。本章将在前人[26-29]工作的基础上采用弹性理论的方法对有机黏结剂后植锚栓（钻孔直径较锚栓大 10%左右）和环氧砂浆黏结剂后植锚栓（钻孔直径较锚栓大 50%～100%）的理论解进行研究讨论。

同钢筋混凝土中钢筋与混凝土黏结一样，后植锚栓的理论计算是一个十分复杂的问题。迄今为止，前人采用的方法主要有以下 4 大类：

（1）Doerr[32]和郭战胜等[33]分别基于弹性理论的能量法，建立了锚固系统的位移微分方程，并利用势能最小原理推导了黏结式后植锚栓系统的极限承载能力的计算公式。由于这种方法的假设条件是认为胶层十分薄，沿其厚度方向黏结剪应力不发生变化，因此其只能用于有机胶黏结剂时的后植锚栓情况。

（2）James 等[44]用线弹性的方法，并在只考虑混凝土受拉时应力应变的基础上用 Mohr-Coulomb 准则来描述混凝土的力学特性，在假设混凝土锥体+胶-混界面破坏模式时，将混凝土的受拉强度和受压强度建立关系，以 Mohr-Coulomb 原理来计算锥体高度和斜裂面角度，进而计算复合模式下的极限承载能力。该方法假设前提只适合于钻孔较大的环氧砂浆黏结剂锚栓，由于其假设和实际情况相差较多，其可靠性较差[9]。

（3）Yang 等[34]采用黏结层两端同时（或先后）开裂的假设物理模型方法，将黏结层考虑为剪滞模型，采用弹性理论的方法，利用黏结层的位移协调方程推导了锚栓-胶层界面纯黏结破坏模式下的后锚固系统极限承载能力计算方法。该方法假设的纯黏结破坏模式与工程中实际的锚固系统破坏模式有较大的差别，因为在少数环氧砂浆黏结锚栓系统中发生的纯黏结破坏模式的破坏界面是混凝土-胶层界面[17]，而非其假设的锚栓-胶层界面，因而其计算结果的可靠性还需要进一步的验证。

(4)采用各种数值方法的计算模型在最近 20 年中有长足的发展，其主要研究集中在采用更加准确的混凝土描述模型和实现胶层黏结破坏效果的模拟。近代混凝土本构模型的数字分析方法的进步，使得胶层黏结破坏的模拟成为重中之重。Yang 等[47]在不考虑黏结层的条件下，采用 Mohr-Coulomb 破坏准则优化了 ACI 318 中预埋带扩大头锚栓的计算破坏斜面；Appl 等[48]、McVay 等[49]采用不同的混凝土数值模型和简化胶层方法进行了大量的数值方法的分析。

综合来看，采用弹塑性解析方法中的计算公式进行的研究还需要进一步的研究，且需要将解析方法的结果和试验研究相结合，才可能得到针对后植大直径锚栓系统这一复杂问题较为可靠的计算方法。

2.2 适用于有机黏结剂情况的弹性方法

混凝土中后植大直径锚栓是通过化学黏结胶将大直径锚栓与胶体固结在混凝土基材中实现后锚固的一种方法。锚栓中的轴向应力通过与胶层界面的黏结剪应力传递到混凝土基座中，其传力机理与机械式和预埋锚栓有显著的差别。对于采用有机胶的后植大直径锚栓系统，其胶层厚度相对锚栓直径和钻孔直径较小，但相对于锚栓更小(一般为 10%左右)，可假设胶层中的黏结应力在胶层厚度方向变化不显著，取锚栓和胶体微段进行分析[31]，如图 2-1 所示。

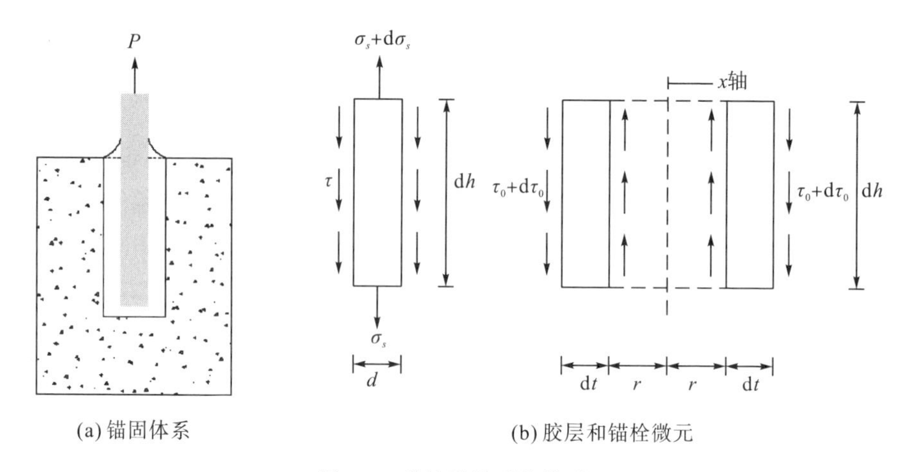

(a) 锚固体系 (b) 胶层和锚栓微元

图 2-1 弹性黏结系统模型

σ_s 为锚栓截面应力

黏结剪应力与锚栓中的轴向应力满足如下平衡方程：

$$\Delta\sigma = \frac{4\tau\Delta h}{d} \tag{2-1}$$

其中，Δh为微元段高度。

锚栓中的应力-应变关系按线弹性考虑，并将式(2-1)写成微分形式：

$$\frac{\mathrm{d}^2}{\mathrm{d}h^2}s - \frac{4\tau}{Ed} = 0 \tag{2-2}$$

其中，s为轴向位移；E为弹性模量。

根据弹性理论，在厚度为t的胶层中的剪应力τ和剪应变γ有以下关系：$\tau = G\gamma$，且$\gamma = \frac{s}{t}$，G为胶层剪切模量。将其代入式(2-2)得

$$\frac{\mathrm{d}^2}{\mathrm{d}h^2}s - \left(\frac{4G}{Edt}\right)s = 0 \tag{2-3}$$

令$2\sqrt{\frac{G}{Etd}} = \lambda$，为与胶体和锚栓材料相关的常数。微分方程(2-3)的通解为

$$s(h) = \alpha \mathrm{e}^{\lambda h} + \beta \mathrm{e}^{-\lambda h} \tag{2-4}$$

由锚栓底端和混凝土表面的位移边界条件：

(1)在锚栓的底部，锚固长度$h=0$时，$\frac{\mathrm{d}}{\mathrm{d}h}s(0) = 0$；

(2)在混凝土基材的表面，锚固长度为$h = h_{ef}$时，$\frac{\mathrm{d}}{\mathrm{d}h}s(h_{ef}) = \frac{4P}{\pi d^2 E}$，$h_{ef}$为锚固段总长度。可解出系数$\alpha$和$\beta$：

$$\alpha = \beta = \frac{2P}{\pi d^2 E\lambda \sinh(\lambda h_{ef})} \tag{2-5}$$

则方程(2-4)的解为

$$s(h) = \frac{4P\cosh(\lambda h)}{\pi d^2 E\lambda \sinh(\lambda h_{ef})} \tag{2-6}$$

将剪应力$\tau = \frac{Gs}{t}$代入式(2-6)中，其黏结剪应力公式为

$$\tau = \frac{4PG}{\pi d^2 Et\lambda \sinh(\lambda h_{ef})} \times \cosh(\lambda h) \tag{2-7}$$

在锚栓轴向荷载已知，锚固系统参数λ一定时，由式(2-7)知胶层黏结剪应力是混凝土表面到锚栓底面距离h的函数。胶层在混凝土表面处有最大剪应力：

$$\tau_{\max} = \frac{Gs(h_{ef})}{t} \tag{2-8}$$

将式(2-8)代入式(2-6)得弹性承载力为

$$P = \frac{\pi d\tau_{\max}}{\lambda}\tanh(\lambda h_{ef}) \tag{2-9}$$

在上式中，如令 $\lambda' = \frac{\lambda}{\sqrt{d}} = 2\sqrt{\frac{G}{Et}}$ ，得到与 Doerr[32]采用弹性能量法得到的解答一致：

$$P = \frac{\pi d^{1.5}\tau_{\max}}{\lambda'}\tanh(\frac{\lambda' h_{ef}}{\sqrt{d}}) \quad (2\text{-}10)$$

2.3 适用于环氧砂浆黏结剂的后植大直径锚栓系统的弹性方法

2.3.1 边界条件及问题概述

在采用环氧砂浆料进行锚固时，钻孔的直径一般较锚栓直径大出很多(1.5d～2.0d)。此时，胶层中的黏结应力在胶层厚度方向的变化不应被忽略，取锚栓和胶体微段进行分析[32, 50, 51](图 2-2，图 2-3)。

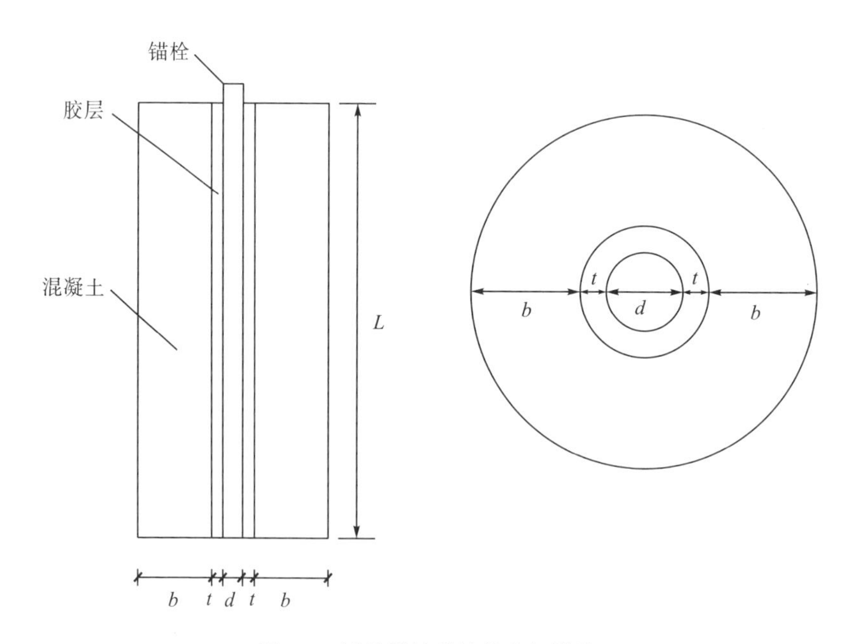

图 2-2 锚栓黏结系统的几何描述

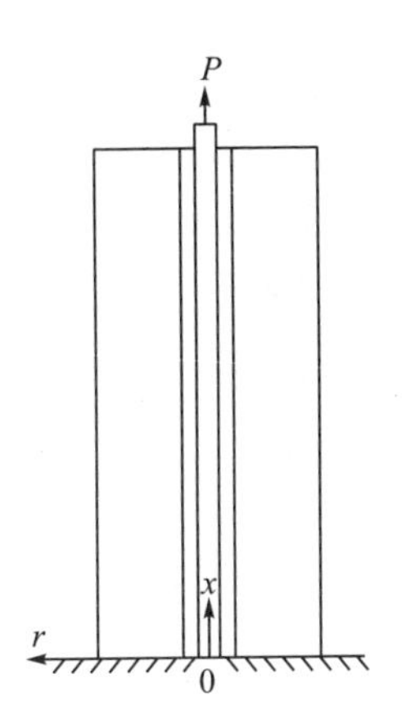

图 2-3　锚栓黏结系统的轴线荷载作用下的边界条件

2.3.2　基本假设条件

基于 Yang 等[34]的分析方法，将假设条件修改为：

(1) 只考虑黏结剂层的受剪状态，黏结剂层采用剪滞模型，如图 2-4 所示。

(2) 锚栓和混凝土基座按线弹性考虑。

(3) 不考虑锚栓-环氧砂浆黏结剂层相对滑移，即不发生锚栓-环氧砂浆黏结剂间的黏结破坏。

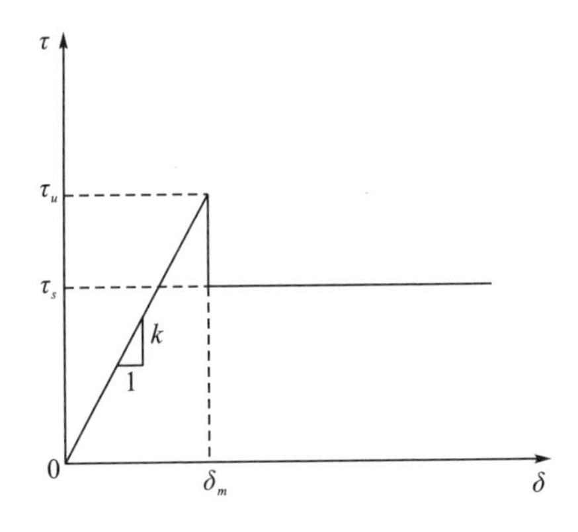

图 2-4　混凝土-黏结剂层间黏结-滑移模型

图 2-4 中 τ_u 为在滑移 δ_m 时的截面黏结强度，τ_s 为滑移破坏后残余的截面摩擦抗剪强度：

$$\begin{cases} \tau = k\delta & (0 \leqslant \delta \leqslant \delta_m) \\ \tau = \tau_s & (\delta > \delta_m) \end{cases} \tag{2-11}$$

其中，滑移刚度 $k=\dfrac{\tau_u}{\delta_m}$，$\delta_m$ 为当 τ 达到最大值 τ_u 时对应的轴向位移。实际上当黏结破坏后，残余黏结强度依靠摩擦和咬合作用的抗剪强度 τ_s 是极其不稳定的，在我们研究的范围以外是难以用数学模型进行描述的。

2.3.3 基本方程的推导

将上一节图 2-1 中的黏结剪应力按径向方向变化，得图 2-1(b)所示力学模型，锚栓微元段的基本平衡方程为

$$\tau=\frac{d}{4}\frac{\mathrm{d}\sigma_s}{\mathrm{d}x} \tag{2-12}$$

黏结剪应力沿黏结层厚度变化的规律用线性方法描述，并考虑在轴向荷载施加的初始阶段锚栓和黏结剂界面变形协调的情况，可得

$$\tau=\frac{2kG}{2G+dk\ln\dfrac{d+2t}{d}}(u_s-u_c) \tag{2-13}$$

式中，u_s 为锚栓轴向荷载方向的位移；u_c 为混凝土和胶层界面的位移。

2.3.4 实际边界条件下的解

在式(2-13)中，取变量 τ 对 x 的微分，得

$$\frac{\mathrm{d}\tau}{\mathrm{d}x}=\frac{2kG}{2G+dk\ln\dfrac{d+2t}{d}}\left(\frac{\sigma_s}{E_s}-\frac{\sigma_c}{E_c}\right) \tag{2-14}$$

其中，黏结剂-混凝土界面的混凝土应力 σ_c 可表示为

$$\sigma_c=\frac{P}{\pi b}A-\frac{d^2A}{4b}\sigma_s \tag{2-15}$$

其中，

$$A=\frac{1}{d+2t+b}+\frac{1}{\left(\dfrac{2b^2}{3R^2}-\dfrac{2b}{R}+2\right)\left(t+\dfrac{d}{2}\right)+\dfrac{b^3}{2R^2}-\dfrac{4b^2}{3R}+b} \tag{2-16}$$

$$R=\frac{3t+1.5d+2b}{6t+3d+3b}b \tag{2-17}$$

将式(2-12)和式(2-15)代入式(2-14)中，并代入边界条件，求解微分方程，可得

$$
\begin{cases}
\sigma_s = \dfrac{\dfrac{4}{\pi d^2} - \dfrac{N_1}{\alpha_1^2}\left(1 - e^{-\alpha_1 L}\right)}{e^{\alpha_1 L} - e^{-\alpha_1 x}} P e^{\alpha_1 x} + \dfrac{\dfrac{N_1}{\alpha_1^2}\left(1 - e^{\alpha_1 L}\right) - \dfrac{4}{\pi d^2}}{e^{\alpha_1 L} - e^{-\alpha_1 x}} P e^{-\alpha_1 x} + \dfrac{N_1}{\alpha_1^2} P \\
\tau = \dfrac{d\alpha_1}{4} \dfrac{\dfrac{4}{\pi d^2} - \dfrac{N_1}{\alpha_1^2}\left(1 - e^{-\alpha_1 L}\right)}{e^{\alpha_1 L} - e^{-\alpha_1 x}} P e^{\alpha_1 x} - \dfrac{d\alpha_1}{4} \dfrac{\dfrac{N_1}{\alpha_1^2}\left(1 - e^{\alpha_1 L}\right) - \dfrac{4}{\pi d^2}}{e^{\alpha_1 L} - e^{-\alpha_1 x}} P e^{-\alpha_1 x}
\end{cases}
\tag{2-18}
$$

式中，α_1 为与锚栓直径、胶层厚度相关的刚度系数；N_1 为与混凝土刚度系数有关的量。

基于式(2-18)，比较锚栓在锚固深度范围内的界面黏结剪应力情况（$x=0$ 和 $x=L$），有如下特征：

① $4bE_c > d^2AE_s$（E_s、E_c 分别为钢材和混凝土的弹性模量）时，界面的黏结破坏首先发生在轴向荷载加载端，并随荷载的增加向加载的远端发展。

②当 $4bE_c = d^2AE_s$ 时，界面的黏结破坏将同时在加载端和远端发生，并随荷载的增加向中间段发展。

③当 $4bE_c < d^2AE_s$ 时，界面的黏结破坏首先发生在相对轴向荷载加载端的远端，并随荷载的增加向加载端发展。

在实际工程应用中，一般只有 $4bE_c \geqslant D^2AE_s$ 条件成立，此时 τ（$x=L$）值实际为 τ_u，其初始界面开裂荷载 P_{ini} 可写为

$$
P_{\text{ini}} = \frac{4\tau_u}{d\alpha_1} \frac{e^{\alpha_1 L} - e^{-\alpha_1 L}}{\left(\dfrac{4}{\pi d^2} - \dfrac{2N_1}{\alpha_1^2}\right)\left(e^{\alpha_1 L} + e^{-\alpha_1 L}\right) + \dfrac{2N_1}{\alpha_1^2}}
\tag{2-19}
$$

(1) 在①的条件下，界面黏结破坏（开裂）是随荷载增加从加载端向远端发展的，如图 2-5 所示。

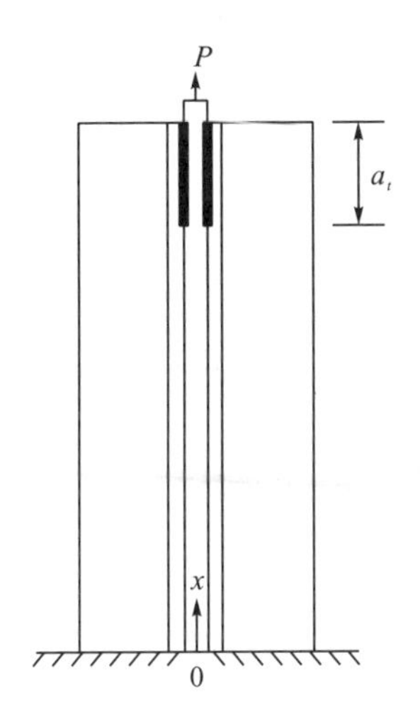

图 2-5　混凝土表面首先开裂示意图

a_t 为加载端界面黏结破坏(开裂)区长度

当考察 $0 \leqslant x \leqslant L-a_t$ 区间时，采用 $x=0$ 和 $x=L-a_t$ 时的应力边界条件求解式(2-18)，得

$$\begin{cases} \sigma_s = \dfrac{\dfrac{4\tau_u}{d\alpha_1} - \dfrac{N_1}{\alpha_1^2} P \mathrm{e}^{-\alpha_1(L-a_t)}}{\mathrm{e}^{\alpha_1(L-a_t)} + \mathrm{e}^{-\alpha_1(L-a_t)}} \mathrm{e}^{\alpha_1 x} - \dfrac{\dfrac{4\tau_u}{d\alpha_1} + \dfrac{N_1}{\alpha_1^2} P \mathrm{e}^{\alpha_1(L-a_t)}}{\mathrm{e}^{\alpha_1(L-a_t)} + \mathrm{e}^{-\alpha_1(L-a_t)}} \mathrm{e}^{-\alpha_1 x} + \dfrac{N_1}{\alpha_1^2} P \\ \tau = \dfrac{d\alpha_1}{4} \dfrac{\dfrac{4\tau_u}{d\alpha_1} - \dfrac{N_1}{\alpha_1^2} P \mathrm{e}^{-\alpha_1(L-a_t)}}{\mathrm{e}^{\alpha_1(L-a_t)} + \mathrm{e}^{-\alpha_1(L-a_t)}} \mathrm{e}^{\alpha_1 x} - \dfrac{d\alpha_1}{4} \dfrac{\dfrac{4\tau_u}{d\alpha_1} + \dfrac{N_1}{\alpha_1^2} P \mathrm{e}^{\alpha_1(L-a_t)}}{\mathrm{e}^{\alpha_1(L-a_t)} + \mathrm{e}^{-\alpha_1(L-a_t)}} \mathrm{e}^{-\alpha_1 x} \end{cases} \tag{2-20}$$

在开裂区间 $L-a_t \leqslant x \leqslant L$，假设残余黏结剪应力(摩擦和咬合作用) σ_s 不变，该区间的锚栓轴力可写为

$$\sigma_s = \frac{4\tau_s}{d} x + \frac{4\tau_u}{d\alpha_1} \frac{\mathrm{e}^{\alpha_1(L-a_t)} - \mathrm{e}^{-\alpha_1(L-a_t)}}{\mathrm{e}^{\alpha_1(L-a_t)} + \mathrm{e}^{-\alpha_1(L-a_t)}} + \frac{N_1}{\alpha_1^2} \frac{\mathrm{e}^{\alpha_1(L-a_t)} + \mathrm{e}^{-\alpha_1(L-a_t)} - 2}{\mathrm{e}^{\alpha_1(L-a_t)} + \mathrm{e}^{-\alpha_1(L-a_t)}} P - \frac{4\tau_s}{d}(L-a_t) \tag{2-21}$$

将轴向荷载 P 表示为开裂长度 a_t 的函数为

$$P = \frac{\dfrac{4\tau_s}{d} a_t + \dfrac{4\tau_u}{d\alpha_1} \tanh(\alpha_1(L-a_t))}{\dfrac{4}{\pi d^2} - \dfrac{N_1}{\alpha_1^2}\left(1 - \dfrac{1}{\cosh(\alpha_1(L-a_t))}\right)} \tag{2-22}$$

(2) 双黏结破坏。在极个别情况下，如果满足 $4bE_c = d^2 AE_s$ 的条件时，界面的黏结破坏首先发生在相对轴向荷载加载端或同时在加载端和远端发生，并随荷载的增加向中间段发展，如图 2-6 所示。

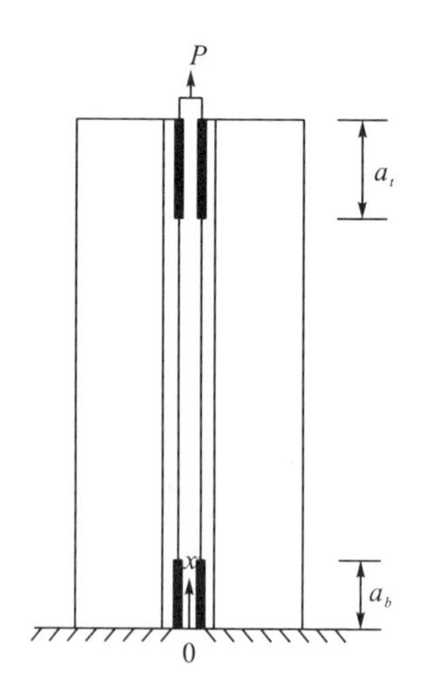

图 2-6　锚栓两端同时开裂示意图

a_b 为远端界面黏结破坏(开裂)区长度

此时，在锚栓锚固长度上，可以分为三个部分。其中非开裂的弹性部分

$a_b \leqslant x \leqslant L-a_t$ 上的锚栓轴向应力 σ_s 和界面黏结剪应力 τ 可表示为

$$\begin{cases} \sigma_s = \dfrac{\dfrac{4\tau_u}{d\alpha_1}\left(\mathrm{e}^{-\alpha_1 a_b}-\mathrm{e}^{-\alpha_1(L-a_t)}\right)}{\mathrm{e}^{\alpha_1(L-a_t-a_b)}-\mathrm{e}^{-\alpha_1(L-a_t-a_b)}}\mathrm{e}^{\alpha_1 x}+\dfrac{\dfrac{4\tau_u}{d\alpha_1}\left(\mathrm{e}^{\alpha_1 a_b}-\mathrm{e}^{\alpha_1(L-a_t)}\right)}{\mathrm{e}^{\alpha_1(L-a_t-a_b)}-\mathrm{e}^{-\alpha_1(L-a_t-a_b)}}\mathrm{e}^{-\alpha_1 x}+\dfrac{N_1}{\alpha_1^2}P \\ \tau = \dfrac{\tau_u\left(\mathrm{e}^{-\alpha_1 a_b}-\mathrm{e}^{-\alpha_1(L-a_t)}\right)}{\mathrm{e}^{\alpha_1(L-a_t-a_b)}-\mathrm{e}^{-\alpha_1(L-a_t-a_b)}}\mathrm{e}^{\alpha_1 x}+\dfrac{\tau_u\left(\mathrm{e}^{\alpha_1 a_b}-\mathrm{e}^{\alpha_1(L-a_t)}\right)}{\mathrm{e}^{\alpha_1(L-a_t-a_b)}-\mathrm{e}^{-\alpha_1(L-a_t-a_b)}}\mathrm{e}^{-\alpha_1 x} \end{cases} \tag{2-23}$$

在两端开裂区的黏结剪应力(摩擦和咬合作用) $\tau=\tau_s$，锚栓应力在 $0 \leqslant x \leqslant a_b$ 时：

$$\sigma_s = \frac{4\tau_s}{d\alpha_1}x \tag{2-24}$$

在 $L-a_t < x \leqslant L$ 时：

$$\sigma_s = \frac{4\tau_s}{d}x+\frac{4\tau_u}{d\alpha_1}\left(\frac{1}{\tanh(\alpha_1(L-a_t-a_b))}-\frac{1}{\sinh(\alpha_1(L-a_t-a_b))}\right)+\frac{N_1}{\alpha_1^2}P-\frac{4\tau_s}{d}(L-a_t) \tag{2-25}$$

因此轴向荷载 P 分别为

$$P = \frac{4\alpha_1\tau_s}{dN_1}a_b-\frac{4\tau_u\alpha_1}{dN_1}\left(\frac{1}{\sinh(\alpha_1(L-a_t-a_b))}-\frac{1}{\tanh(\alpha_1(L-a_t-a_b))}\right) \tag{2-26a}$$

$$P = \frac{\dfrac{4\tau_s}{d}a_t+\dfrac{4\tau_u}{dN_1}\left(\dfrac{1}{\tanh(\alpha_1(L-a_t-a_b))}-\dfrac{1}{\sinh(\alpha_1(L-a_t-a_b))}\right)}{\dfrac{4}{\pi d^2}-\dfrac{N_1}{\alpha_1^2}} \tag{2-26b}$$

由此建立的 a_b 和 a_t 的关系可以写为

$$\frac{4\tau_s}{d}(a_t+a_b)+\left(\frac{8\tau_u}{d\alpha_1}-\frac{16\tau_u\alpha_1}{\pi d^3 N_1}\right)\left(\frac{1}{\tanh(\alpha_1(L-a_t-a_b))}-\frac{1}{\sinh(\alpha_1(L-a_t-a_b))}\right) -\frac{16\tau_s\alpha_1^2}{\pi d^3 N_1}a_b=0 \tag{2-27}$$

为了求得最大荷载 $P_{\max}$，在式(2-27)的基础上建立拉格朗日方程：

$$\Phi(a_t,a_b,\lambda)=M_0+\lambda M_1 \tag{2-28}$$

其中，λ 为一实数参数，M_0 和 M_1 为

$$M_0 = \frac{4\alpha_1^2\tau_s}{dN_1}a_b-\frac{4\tau_u\alpha_1}{dN_1}\left(\frac{1}{\sinh(\alpha_1(L-a_t-a_b))}-\frac{1}{\tanh(\alpha_1(L-a_t-a_b))}\right) \tag{2-29a}$$

$$M_1 = \frac{4\tau_s}{d}(a_t+a_b)+\left(\frac{8\tau_u}{d\alpha_1}-\frac{16\tau_u\alpha_1}{\pi d^3 N_1}\right)\left(\frac{1}{\tanh(\alpha_1(L-a_t-a_b))}-\frac{1}{\sinh(\alpha_1(L-a_t-a_b))}\right) -\frac{16\tau_s\alpha_1^2}{\pi d^3 N_1}a_b \tag{2-29b}$$

在以上方程中，通过求解$\dfrac{\partial \Phi}{\partial a_b}=0$、$\dfrac{\partial \Phi}{\partial a_t}=0$、$\dfrac{\partial \Phi}{\partial \lambda}=0$可以获得在不同条件下的$P_{\max}$。

2.3.5 对以上推导结果的讨论

(1)当$E_c \to \infty$时，在实际边界条件下的微分方程具有唯一的形式和确定的解，即在界面上只存在唯一的黏结开裂模式。

(2)当$k \to \infty$时，不考虑黏结剪应力在黏结剂层中厚度方向的不均匀变化时，有

$$\ln\frac{d+2t}{d} \to \frac{2t}{d}$$

另外，当k和E_c趋于无穷大时，轴向荷载P可简化为黏结开裂长度a的函数：

$$P=\tau_s \pi d a+\frac{\pi d \tau_u}{\alpha}\tanh(\alpha(L-a)) \tag{2-30}$$

(3)轴力和黏结应力的规律。

为了考察前述数学模型的物理力学规律，采用工程应用中常遇到的实际工况，建立应用的基本已知条件如下：d=20mm，t=5mm，b=100mm，L=1500mm，E_c=25GPa，G=10GPa，E_s=210GPa，k=1000MPa/mm，τ_u=10MPa，τ_s=5MPa。

可以解得其他未知参数如表 2-1 所示。

进而，可以考察在不同荷载阶段时，锚栓轴向应力和界面黏结剪应力的分布情况。如分别设$P=0.05P_{\max}$，$P=0.3P_{\max}$，$P=0.75P_{\max}$，$P=P_{\max}$，其他参数如表 2-2 所示，解出的锚栓轴向应力σ_s沿锚固长度的变化如图 2-7 所示。

表 2-1 计算结果

边界条件	a_{bc}/mm	a_{tc}/mm	a_c/mm	P_{ini}/kN	$P_{\max}$/kN
边界 1	427.8	1015.9		29	481.9
边界 2			1467.2	24	477.5

注：a_{bc}为从边界 1 的非加载端开始发展的临界剥离裂纹长度；a_{tc}为从边界 1 的加载端开始发展的临界剥离裂纹长度；a_c为边界 2 中的临界剥离裂纹长度。

表 2-2 各加载阶段的界面开裂长度

加载阶段	a_b/mm	a_t/mm	a/mm
P=0.3$P_{\max}$	78	254.4	381.5
P=0.75$P_{\max}$	290.9	731.9	1065.4
P=$P_{\max}$	427.8	1015.9	1467.2

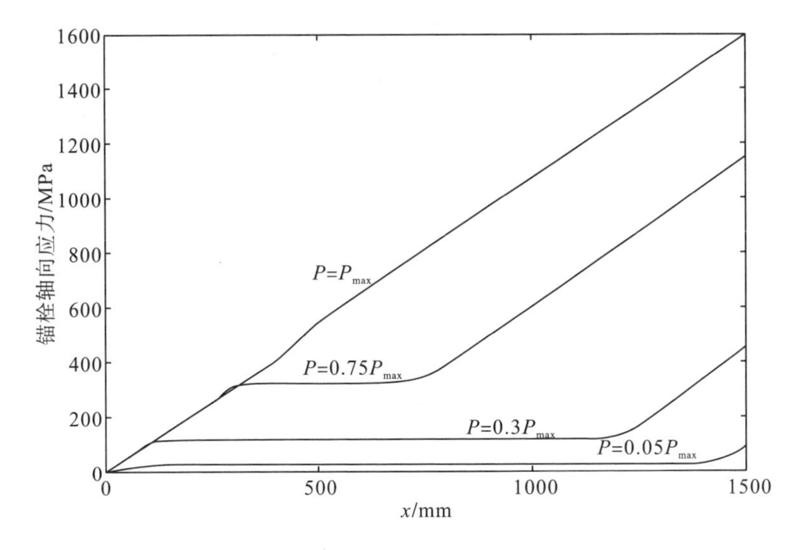

图 2-7　不同荷载等级时锚栓轴向应力的分布情况

2.4 本 章 小 结

本章首先分析比较了 Doerr[32]、James 等[44]和 Yang 等[34]针对后植锚栓系统承载能力的理论计算方法，指出了这些方法的优势和不足，进而对其适用范围进行了分析。采用线弹性理论，通过建立位移协调方程，推导了不考虑黏结层中剪应力随厚度变化时的轴向荷载作用下锚栓系统的极限承载能力公式，其与 Doerr 通过能量法推导的结果类似；在 Yang 等工作的基础上，考虑了黏结层中剪应力沿其厚度变化时的锚栓承载能力和黏结剪应力的分布规律，并通过算例进行了图示分析。本章得到的主要结论有：

(1) 推导了适用于黏结层较薄(有机黏结剂)，可不考虑黏结剪应力沿胶层厚度方向变化时，锚栓系统承载能力的弹性计算公式。

(2) 基于 Yang 等的工作基础，推导了适用于黏结层较厚(环氧砂浆黏结剂)，考虑黏结层中剪应力沿其厚度变化时的锚栓承载能力的计算公式。

(3) 通过算例图示分析，为解析结果与试验结果和数值分析结果的对比及锚栓系统的传力机理认识提供了理论条件。

第3章　单锚栓轴向荷载作用下的试验研究

3.1　试验概况

3.1.1　试验目的及工况

3.1.1.1　试验目的

目前，ACI 318 和 ETAG-001 等欧美规范主要针对直径为 6～24mm 的后植机械式和预埋锚栓的设计情况，我国《混凝土结构后锚固技术规程》(JGJ 145—2013)所针对的是锚栓直径 d≤28 mm 的锚栓，不能满足在隧道与桥梁重大工程中设计施工的应用要求。Cook 等[30,45,52]、Eligehausen 等[37]对后植锚栓的研究范围集中在锚栓直径为 6～24mm 的区间，国内外针对直径大于 30mm 的后植大直径锚固问题的研究尚处于空白状态，目前采用这种后植大直径锚栓进行锚固的方式在国内还没有成熟的经验和相应的设计方法。鉴于这种情况，本书针对后植大直径锚栓进行了大量成系列的试验。对于不同直径大小的锚栓，分不同埋设深度、不同黏结材料、不同锚杆表面形式等做了一系列的埋设的拉拔试验，为地下结构工程中的锚固设计及其施工提供较为准确的资料，为描述锚栓系统力学模型提供试验基础。主要有如下几点：

(1) 观测不同锚固工艺时(有机和环氧砂浆黏结剂条件下的不同埋深比)大直径锚栓在轴向荷载作用下破坏模式及其几何特征。

(2) 测试锚栓系统混凝土锥体表面、锚栓顶面的位移，并结合破坏模式分析探讨后植大直径锚栓系统的传力机理和破坏规律。

(3) 测试锚栓系统中锚栓轴力在锚固深度范围内的分布，及黏结界面上剪应力的分布规律。

(4) 结合试验结果考察前人相关研究理论对后植大直径锚栓的适用性。

3.1.1.2　试验工况

目前用于锚固技术的工业材料基础主要分为有机胶锚固材料和环氧砂浆类锚

固材料。在小直径锚栓的设计施工中常采用有机胶的形式。对于大直径锚栓存在的大直径、大钻孔、大注胶量的条件，为降低锚固施工的技术要求标准，采用环氧砂浆作为黏结剂的形式也有广泛应用。故而本书选用两种黏结剂中最具代表性的材料进行研究。

1. 采用有机胶(HIT-RE500)黏结的后植大直径锚栓

在采用 HIT-RE500 进行研究时，共进行了 5 种直径(36、48、72、90、150mm)，每种直径锚固深度分别为 8d 和 12d，每种直径和锚固深度采用刻槽锚栓情况的共 10 组工况，总试件为 80 个的试验。由于大直径锚栓极限抗拔承载能力较小直径锚栓高很多，所有试验锚栓布置在一整块浇筑的混凝土基座上，试验混凝土基材设计强度等级为 C30，28 天立方体抗压强度为 32.9MPa。锚栓为 Q345 钢加工的锚固段带有若干环槽的直杆式刻槽锚栓。为避免相邻锚栓的影响，试验锚栓的间距设为 $3h_{ef}$[39]。锚固胶采用喜利得 HIT-RE500 植筋胶。依据 HILTI 技术标准，试验工况如表 3-1 所示。

表 3-1　有机胶(HIT-RE500)大直径锚栓试验工况表

序号	锚栓直径 d/mm	有效埋深 h_{ef}/mm	锚栓长度/mm	数量/根	钻孔直径 d_h/mm	环形槽长度/mm	竖向槽长度/mm	备注
1	Φ36	8d	500	2	d+10	288	350	环形槽的宽×深×间距为 20mm×3mm×80mm；竖向槽的宽×深为 30mm×5mm
2				2	d+10	288	—	
3				2	d+10	288	350	
4				2	d+10	288	—	
5		12d	650	2	d+10	432	450	
6				2	d+10	432	—	
7				2	d+10	432	450	
8				2	d+10	432	—	
9	Φ48	8d	700	2	d+10	384	450	
10				2	d+10	384	—	
11				2	d+10	384	450	
12				2	d+10	384	—	
13		12d	800	2	d+10	576	650	
14				2	d+10	576	—	
15				2	d+10	576	650	
16				2	d+10	576	—	

续表

序号	锚栓直径 d/mm	有效埋深 h_{ef} /mm	锚栓长度 /mm	数量 /根	钻孔直径 d_h /mm	环形槽长度 /mm	竖向槽长度 /mm	备注
17	Φ72	8d	850	2	d+16	576	650	环形槽的宽×深×间距为30mm×5mm×100mm；竖向槽的宽×深为30mm×5mm
18				2	d+16	576	—	
19				2	d+16	576	650	
20				2	d+16	576	—	
21		12d	1200	2	d+16	864	950	
22				2	d+16	864	—	
23				2	d+16	864	950	
24				2	d+16	864	—	
25	Φ90	8d	2500	2	d+16	720	820	
26				2	d+16	720	—	
27				2	d+16	720	820	
28				2	d+16	720	—	
29		12d	2880	2	d+16	1080	1200	
30				2	d+16	1080	—	
31				2	d+16	1080	1200	
32				2	d+16	1080	—	
33	Φ150	8d	3000	2	d+20	1200	1300	
34				2	d+20	1200	—	
35				2	d+20	1200	1300	
36				2	d+20	1200	—	
37		12d	3600	2	d+20	1800	1900	
38				2	d+20	1800	—	
39				2	d+20	1800	1900	
40				2	d+20	1800	—	

2. 采用环氧砂浆(纽维逊)黏结的后植大直径锚栓

通过变化锚栓系统的几个主要参数(刻槽、锚固深度、锚栓直径(钻孔直径))，设计了40个试验试件。试验采用将所有试验锚栓布置在一整块浇筑的混凝土基材上的方式实现，混凝土基座尺寸为20m×6m×3m的整体块体，且不考虑基材混凝土内配筋的影响。为避免相邻锚栓的影响，试验锚栓的间距设为3h_{ef}。钻孔直径和钻孔深度等试件情况如表 3-2 所示。

锚栓为 Q345 钢加工的锚固段带有若干环槽的直杆式刻槽锚栓。整块浇筑的混凝土基材 28 天混凝土标准立方体抗压强度为 35.4MPa，实测弹性模量为 3.35 ×10^{4}MPa。锚固剂采用纽维逊(NVCGM)无机料砂浆。

表 3-2　纽维逊(NVCGM)料锚固大直径锚栓试验工况表

序号	锚栓直径 d/mm	有效埋深 h_{ef}/mm	锚栓长度/mm	数量/根	钻孔直径 d_h/mm	环形槽长度/mm	竖向槽长度/mm	备注
1	Φ36	8d	500	2	d+20	288	350	环形槽的宽×深×间距为20mm×3mm×80mm；竖向槽的宽×深为30mm×5mm
2				2	d+20	288	—	
3		12d	650	2	d+20	432	450	
4				2	d+20	432	—	
5	Φ48	8d	700	2	d+20	384	450	
6				2	d+20	384	—	
7		12d	800	2	d+20	576	650	
8				2	d+20	576	—	
9	Φ72	8d	850	2	d+40	576	650	环形槽的宽×深×间距为30mm×5mm×100mm；竖向槽的宽×深为30mm×5mm
10				2	d+40	576	—	
11		12d	1200	2	d+40	864	950	
12				2	d+40	864	—	
13	Φ90	8d	2500	2	d+40	720	820	
14				2	d+40	720	—	
15		12d	2880	2	d+40	1080	1200	
16				2	d+40	1080	—	
17	Φ150	8d	3000	2	d+60	1200	1300	
18				2	d+60	1200	—	
19		12d	3600	2	d+60	1800	1900	
20				2	d+60	1800	—	

由于环氧砂浆锚固的大直径锚栓的钻孔直径较大，且每孔所需注环氧砂浆量较大，为保证锚固质量，施工过程严格按照产品使用说明的要求进行操作。并缓慢旋转锚栓将其插入设计的锚固深度，以保证环氧砂浆的有效黏结。并按生产商要求在标准的环境下对试件进行 24 小时养护。

3.1.2 试件的制作和加工

3.1.2.1 钻孔和锚栓加工

由于本次试验的成孔深度大(最大钻孔直径达 210mm，孔深达 1.8m)且埋设深度较深，同时因为是安装锚栓，故对孔的定位、垂直度的要求精度较高，其对钻机定位、垂直度、同心度等方面要求较高，故本次钻孔采用 JX-1 型地质钻机进行成孔，钻头采用特殊定制的通长 2m 的薄壁金刚石钻头。施工时钻孔位置精确放线，画出钻孔孔径的同心圆，之后将钻机用内迫式安卡预固定，将钻头刃口与同心圆重合即解决了精确定位问题。此时用水平尺沿钻头外壁贴紧，进行钻头微调至垂直，即可保证其垂直度。为满足施工要求，平均钻孔速度 0.5m/h，钻头在混凝土中的钻进速度要明显快于遇到水平钢筋等构件的钻进速度。将钻机最终固定、钻孔。当钻至设计深度时，取出钻头，折断芯样。如钻进过程芯样折断，用夹沙法由钻机钻头将芯样带出从而完成钻孔。成孔后，用清水、自制铁刷将孔壁仔细清洗干净，然后将高压缩空气的风管直接插入孔底，将孔中的积水吹干。

锚栓材质为 Q345，埋设深度 $8d$ 和 $12d$ 各一组，每组四根。锚栓形式为锚固段端部带有若干环槽的直杆式。锚栓加工刻槽情况如图 3-1 所示。

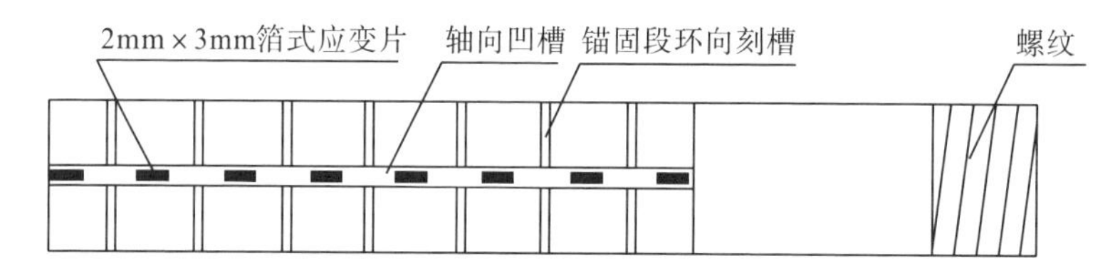

图 3-1 锚栓应变测试构造示意图

3.1.2.2 黏结剂的物理力学性能

1. HIT-RE500 有机黏结剂

本次试验有机黏结剂选用喜利得 HIT-RE500(图 3-2)，按喜利得产品技术标准进行 1∶3 双组分配置，并通过专用工具进行混合，混合后树脂呈红色黏稠状。锚固剂性能数据如表 3-3 所示。

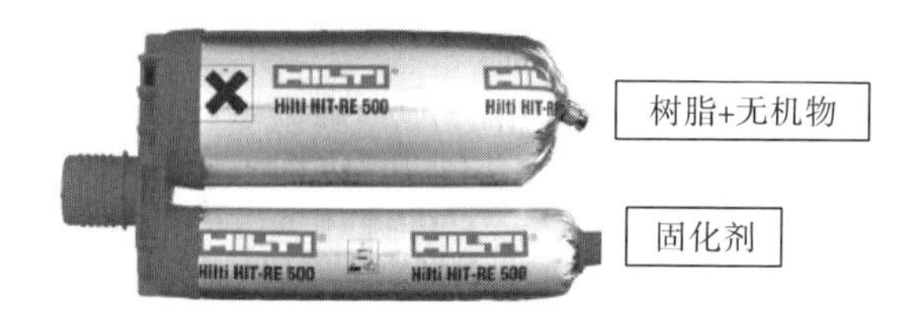

图 3-2 HIT-RE500 锚固剂

表 3-3　HIT-RE500 主要物理力学参数

物理力学性能	数值	单位
A 组分密度(树脂)	1.45	g/cm^3
B 组分密度(固化剂)	1.41	g/cm^3
AB 组分固化后密度	1.50	g/cm^3
平均黏结强度	15.40	MPa
抗拉强度	51.50	MPa
抗压强度	120.00	MPa
弯曲(剪切)强度	90.00	MPa

注：以上指标为按 ASTM C881-90 试验标准测得。

2. 纽维逊环氧砂浆黏结剂

与有机黏结剂相比，无机黏结剂具有耐高温、抗火灾、可带明水作业，便于清洗、植筋成本低，损耗小、可施工性强等优点。按 1kg NVCGM 锚固料加一量杯水的配合比进行配制，将配制完的锚固料在 40min 的施工时间内注入锚固钻孔即可(图 3-3)，纽维逊锚固料主要物理力学参数如表 3-4 所示。

图 3-3　纽维逊锚固料(NVCGM)

表 3-4　纽维逊锚固料(NVCGM)主要物理力学参数

物理力学性能	数值	单位
平均黏结强度	12.8	MPa
抗拉强度	11.4	MPa
抗压强度	50	MPa
弯曲(剪切)强度	35	MPa

注：以上指标为生产厂商提供。

3. 锚栓的埋设工艺

(1)注胶：对有机材料 HIT-RE500 黏结剂的混合采用 HILTI 专用混合胶枪按标准混合比使之充分混合达到使用要求。考虑到一次性注入胶剂量较大，为防止大体积胶体固化热过大而使初凝过程加速，整个注胶过程应在 10 分钟之内完成。尽量使注入胶剂沉于孔底，避免中间留存空气空洞。胶剂应注至理论注胶量的 90%。无机材料采用自流灌浆料。将已配制好的灌浆料按产品说明比例混合在一起，按说明要求加入水量，人工进行搅合，搅合均匀后，沿已放入孔中的锚栓四周，将灌浆料倒入孔内，适度钎插振捣即可。

(2)锚栓安装：为使大直径锚栓在具有黏性的锚固剂中顺利插入，锚固施工采用先注黏结剂，后插入锚栓的模式。注胶后立即用吊车将锚栓吊入孔中，同时在锚栓插入过程中，锚栓缓慢旋转插入，保证胶体充满空隙。因 HIT-RE500 植筋胶黏稠度较大，可能在锚栓安装过程中有阻力，可在锚栓上端部压一重物或用大锤敲击，使其安装到位。采用无机料时，在无机料流入过程中，应轻敲锚栓杆体，使其振动，让无机料与锚栓紧密结合，充分黏结(图 3-4)。

(3)标高调整：成孔后，先测出每一个孔的实际深度，根据要求对每个孔的孔深进行调整，然后在对应植入锚栓上做好标记，当锚栓安装到标记处停止。

(4)垂直度、间距调整：锚栓深度到位后，依据安装技术要求，将基准线绷好，并用水平尺或吊锤调整好锚栓的垂直度，之后将钻机用内迫式安卡预固定，将钻头刃口与同心圆重合即解决了精确定位问题，此时用水平尺沿钻头外壁贴紧，进行钻头微调至垂直，即可保证其垂直度。用预先制好的楔铁在锚栓孔的端部进行调节，同时进行垂直度与间距的调整，使之达到要求。

(5)养护：在-4～40℃环境温度下，采用自然凝固。有机料 HIT-RE500 建筑植筋剂终凝时间为 6 小时，无机料自流灌浆料的终凝时间为 24 小时，在其期间不得对锚栓进行晃动，以保证锚栓与胶结料结合紧密。

图 3-4 大直径锚栓安装照片

3.1.3　试验加载及量测装置

3.1.3.1　极限荷载值及终止加载条件

根据 Cook 等[39]的研究结论及《混凝土结构后锚固技术规程》(JGJ 145—2013) 6.1.11 条之规定，不考虑锚栓钢材破坏的模式，本次锚栓抗拔试验破坏理论上有两种模式：

(1) 沿着锚固胶与锚栓界面拉剪破坏，承载力主要取决于锚固胶与锚栓的黏结抗剪强度。

胶-栓界面破坏受拉承载力计算公式：$N_{u,pa}=17.5h_{ef}d\sqrt{f_v}$ (N)

承载力标准值：$N_{Rk,pa}=7.7h_{ef}d\sqrt{f_{vk}}$ (N)

式中，f_v为锚固胶与锚栓的黏结强度；f_{vk}为锚固胶与锚栓的黏结强度标准值。

(2) 由于混凝土的抗剪强度比胶的黏结抗剪强度低，故沿着锚固胶与钻孔混凝土界面拉剪破坏，承载力主要取决于混凝土的抗剪强度。

胶-混凝土界面破坏受拉承载力计算公式：$N_{u,pc}=5.6h_{ef}d\sqrt{f_{cu}}$ (N)

承载力标准值：$N_{Rk,pc}=1.7h_{ef}d\sqrt{f_{cuk}}$ (N)

综合以上两种模式，针对不同类型的锚栓，其抗拔极限拉力值也不同。

当满足以下条件时终止加载：

①锚栓拔升量继续增长，在一小时内未出现稳定迹象时；

②荷载施加不上，或施加后无法保持稳定时；

③锚栓被拔至屈服极限强度时。

并定义符合上述终止试验条件的前一级荷载为锚栓的极限抗拔力试验值。

3.1.3.2　黏结界面剪力分布及锚栓轴向位移测试

为量测锚栓锚固段轴向应力分布和计算胶-栓界面黏结剪应力，沿锚栓埋置深度开槽，并每隔 50～100mm (根据锚栓锚深确定) 粘贴标距为 3mm 的钢筋应变片。测试仪器采用扬州晶明 JM3812 无线多功能静态应变仪，如图 3-7 所示。

同时，在混凝土基座表面和锚栓上各安装一只位移计，量测锚栓和混凝土基座表面的位移。锚栓离地面 100mm 处安装两只位移计，埋置锚栓的混凝土地面、植筋胶与锚栓接触面上各安装一只位移计。

3.1.4　试验加载测试过程的控制

试验加载装置采用一台电动油泵同时向两台 500 吨的液压千斤顶供油的方式。每级荷载按预估荷载的 10%施加，共分 10 级，每级持荷时间 2 分钟。每级加载后，测读一次杆体位移、地面位移及每组应变的数值，稳压后再读一次数据，至锚固破坏。具体试验仪器规格如下：柳州欧维姆厂家生产的ZB4-500型超高压油泵，QF320T型分离式油压千斤顶，0.4级精密压力表，JCQ位移计，DH3815N静态应力测试系统。具体控制标准如下：

(1) 加载设备按规定的速度加荷，测力系统整体误差不得超过量程的±2%。

(2) 加载设备保证所施加的拉伸荷载始终与锚栓的轴线一致。

(3) 位移测量记录仪连续记录，记录点在10点以上，位移测量误差不超过0.02mm。

(4) 锚栓抗拔试验加荷等级按预估极限承载力的1/10进行，逐级加载时，每级荷载保持2分钟，每级加载后，测读一次杆体位移、地面位移及每组应力片的应力，稳压后再读一次数据，至设定荷载或锚固破坏。试验加载及量测装置如图3-5～图3-8所示。

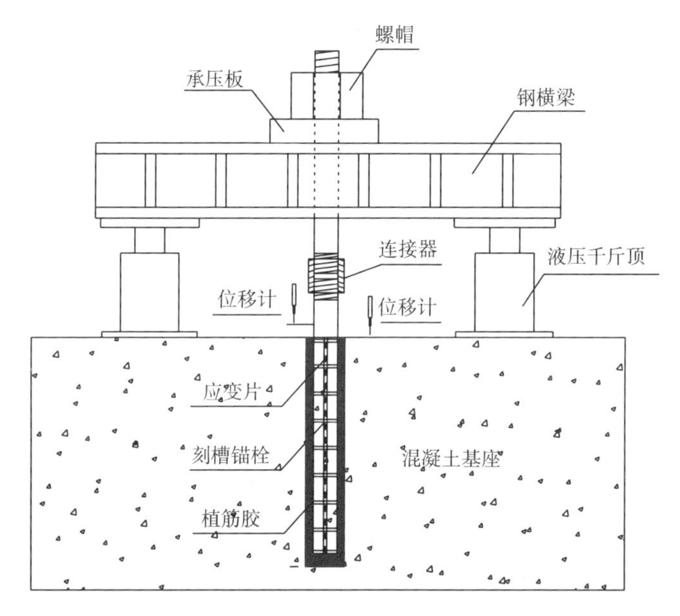

图3-5 试验设计

图3-6 位移传感器安装照片

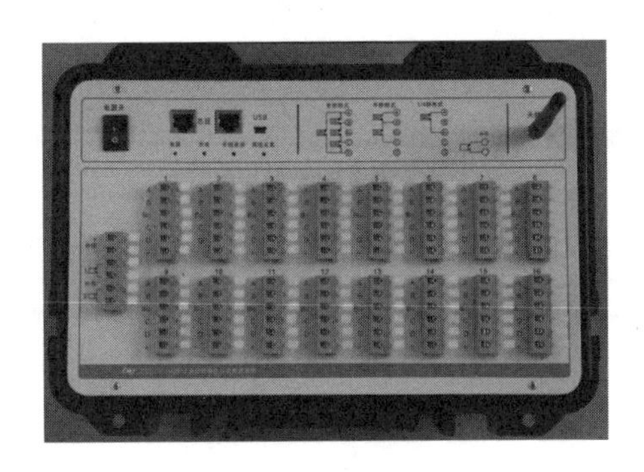

图 3-7　扬州晶明 JM3812 无线多功能静态应变仪

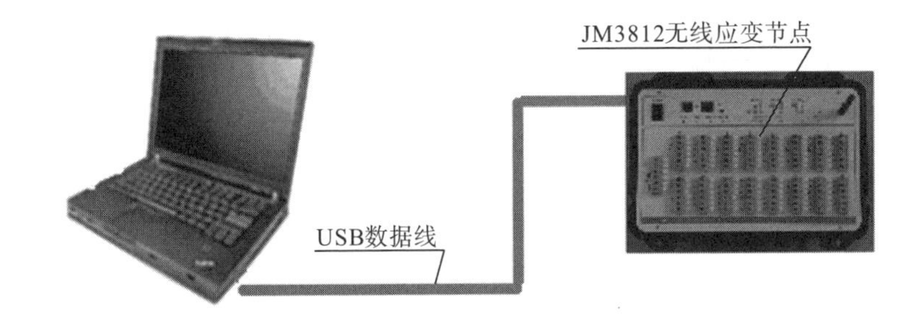

图 3-8　扬州晶明 JM3812 单机 USB 直接连接示意图

3.2　有机胶黏结剂试验结果及分析

3.2.1　破坏模式及机理分析

3.2.1.1　破坏模式分析

根据对世界范围内报道过的直径在 6～24mm 锚栓的试验数据的整理[28-48, 52]，发现化学后植锚栓的主要大类破坏模式有以下 4 种：

(1) 锚栓钢材破坏

当锚栓的锚固深度超过锚栓钢材所能提供的抗拔强度后，锚栓在混凝土表面以上部分的屈服颈缩会导致锚栓材料破坏，如图 3-9(a)所示。

(2) 混凝土锥体破坏

当锚栓的锚固深度较小时(锚固深度 h_{ef} 在 $3d$～$5d$ 之间)，发生如图 3-9(b)所示的混凝土锥体破坏，此时的破坏强度由混凝土的抗拉性能主导。

(3) 黏结破坏

当植筋胶的黏结性能较差、钻孔灌注施工不可靠、养护不合理时，胶体的黏结强度小于发生锥体破坏和锚栓钢材破坏的强度时，发生如图 3-9(c)所示的较完全的黏结破坏。

(4)复合破坏

在实际工程应用的大多数情况下，尤其是在重荷载条件下的后植锚栓时，锚固埋深 h_{ef} 常在 $5d$～$15d$ 之间。此时，根据 Eligehausen 等[37]的统计资料，在小直径锚栓情况下常发生的破坏模式是如图3-9(d)所示的混凝土锥体+黏结破坏的复合模式。

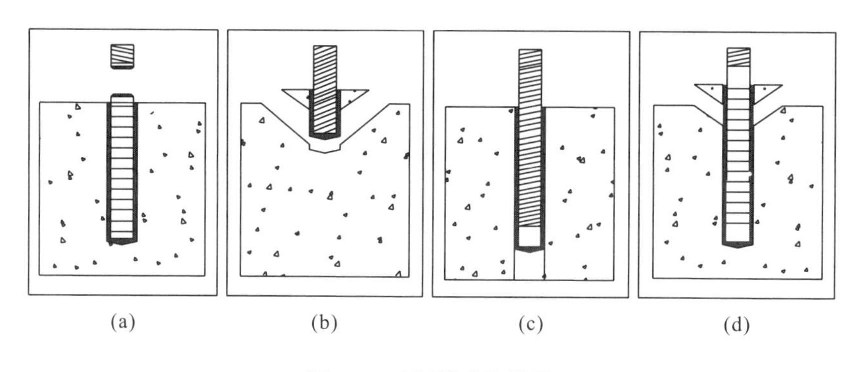

图 3-9 破坏模式的种类

在埋深为 $8d$ 和 $12d$ 条件下，各试件的破坏模式基本相同(80 个试件中有 2 个较大直径锚栓因注胶未能有效凝固，出现锚栓脱出)，表现为混凝土锥体+胶-混黏结破坏或混凝土锥体+胶-锚栓黏结破坏的复合破坏模式，如图 3-10～图 3-12 所示，与小直径锚栓的混合破坏模式基本一致，但复合破坏模式存在 3 种情况：①混凝土锥体+胶混界面+胶栓界面破坏模式；②混凝土锥体+胶混界面破坏模式；③混凝土锥体+胶栓界面破坏模式。

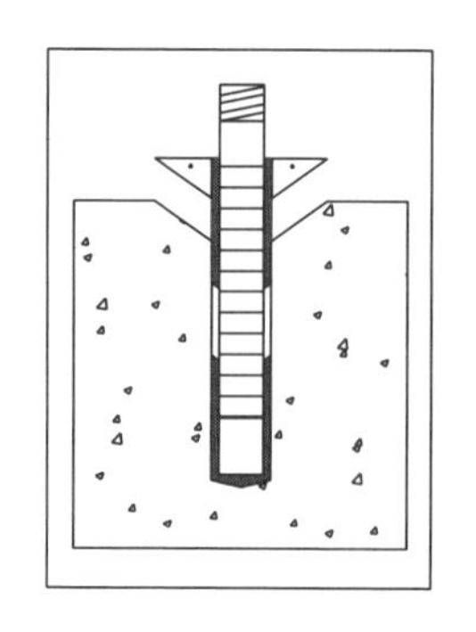

图 3-10 复合破坏模式中的混合黏结破坏

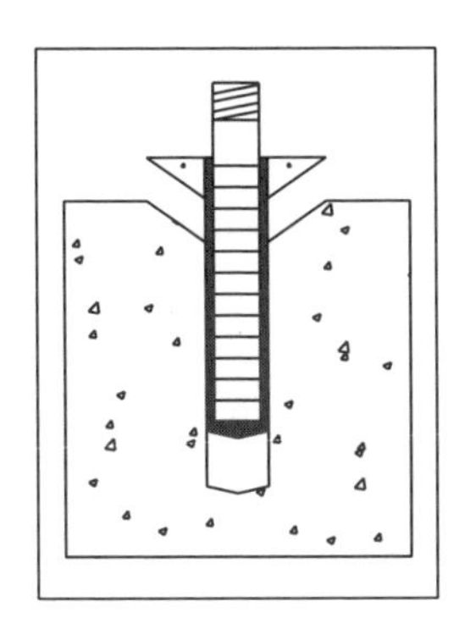

图 3-11　混凝土锥体+胶混界面破坏模式

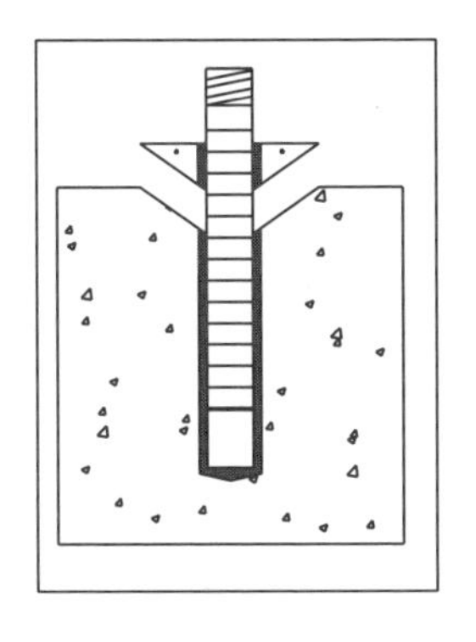

图 3-12　混凝土锥体+胶栓界面破坏模式

此外，当锚栓直径较大时（72、90、125、150mm），部分试件表现为双锥体破坏形态，除控制承载力的大半径锥体外，尚有较小直径的浅层小锥体存在，如图 3-13 所示。

(a) 双锥体(小锥体裂纹)

(b) 双锥体

图 3-13　试验破坏模式图

3.2.1.2 破坏特征

1. 锥体高度

在试验工况条件下，后植大直径锚栓的破坏模式主要以混凝土锥体+下部黏结破坏的复合破坏模式为主(其中 d=90mm 和 d=150mm 的试件各有 1 个因为施工中胶体黏结未能全部发挥而发生拔出破坏)。总体统计结果表明：混凝土表面浅锥体高度约为 2～3 倍锚栓直径；破坏锥体的高度随锚栓直径增大有增大的趋势；锚栓直径相同时，随锚固深度的增加，锥体高度减小，锥体高度与锚固深度的比值 $h_{锥体}/h_{ef}$ 在 0.18～0.42 之间，如图 3-14、图 3-15 所示。

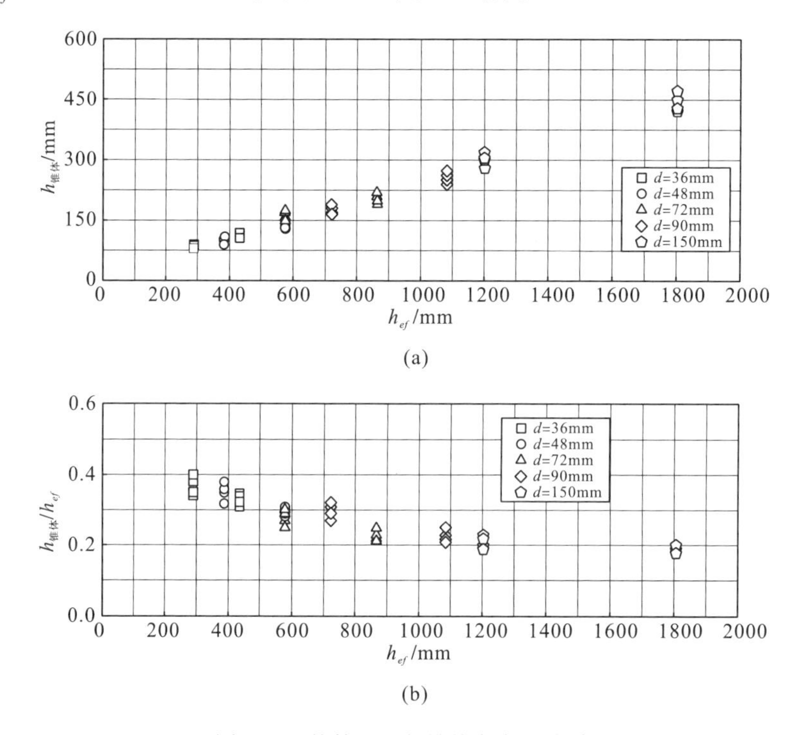

(a)

(b)

图 3-14 锚栓埋深与锥体高度的关系

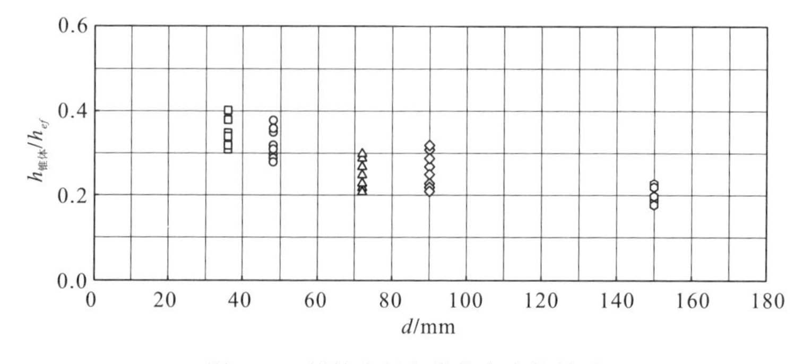

图 3-15 锚栓直径与锥体高度的关系

2. 锥体表面尺寸

浅部锥体表面的破坏形状总体上看接近一圆形，但由于试验试件破坏的随机性，往往是一不规则的圆，同时由于双锥体的存在，约 1/3 的试件的浅锥体不能呈现为完整的锥体形态，会沿弱面碎裂成块状，如图 3-13(a)所示。

另一方面由于锥体高度-表面尺寸-斜面角度之间存在相互依赖的关系，因此锥体表面圆的半径尺寸 R 与锚栓直径 d、埋深 h_{ef} 之间的关系规律与锥体高度的分布规律类似，如图 3-16 所示。锚栓混凝土表面浅锥体破坏情况如图 3-17、图 3-18 所示。

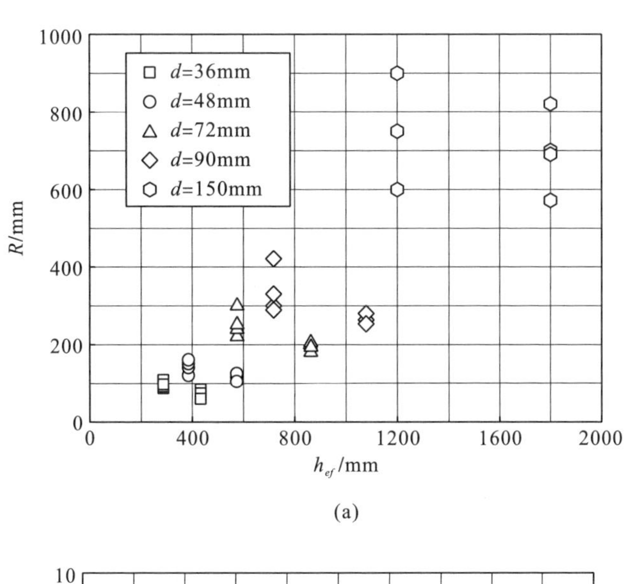

(a)

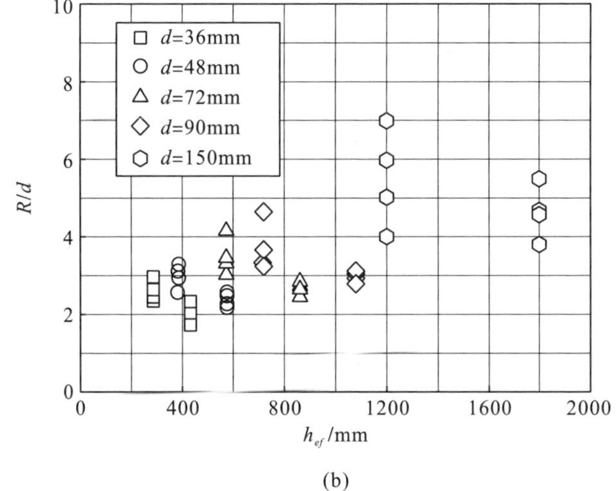

(b)

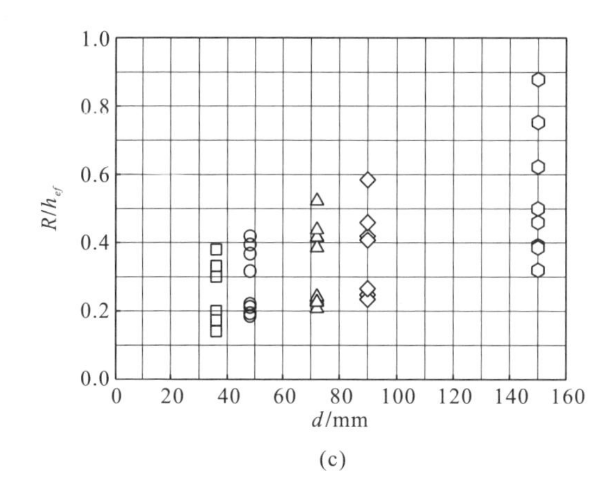

(c)

图 3-16 锥体表面尺寸的变化规律

图 3-17 锚栓混凝土表面浅锥体破坏情况

3. 锥体斜面角度

破坏锥体斜面与水平面的夹角介于 30°～40° 之间。

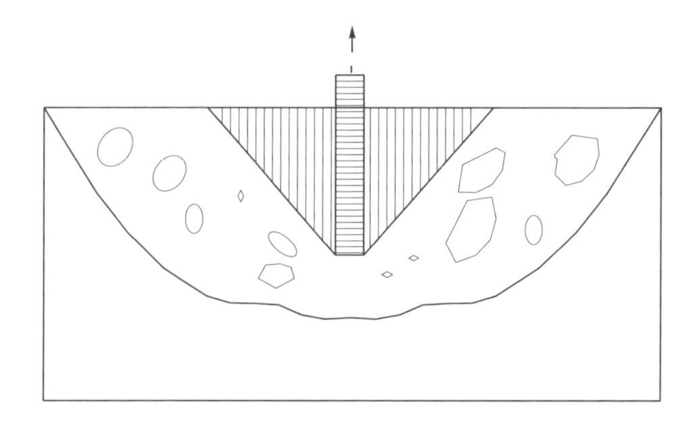

图 3-18 锚栓混凝土表面浅锥体破坏情况

3.2.1.3　破坏力学过程

针对复合破坏模式下混凝土锥体破坏和其下部黏结破坏的关系，为了回答上部混凝土锥体和其下部黏结部分破坏的先后问题，以及其对承载能力的影响，Luke 等[53]认为下部黏结破坏要先于上部锥体。而 Ye 等[54]认为上部浅锥体的形成要比下部黏结破坏早。Collins[28]得出了上部锥体和下部黏结同时破坏的结论。

通过安置在锚栓上和混凝土锥体表面的 2 个位移传感器，得到典型的试验锚栓位移数据如图 3-19 所示。

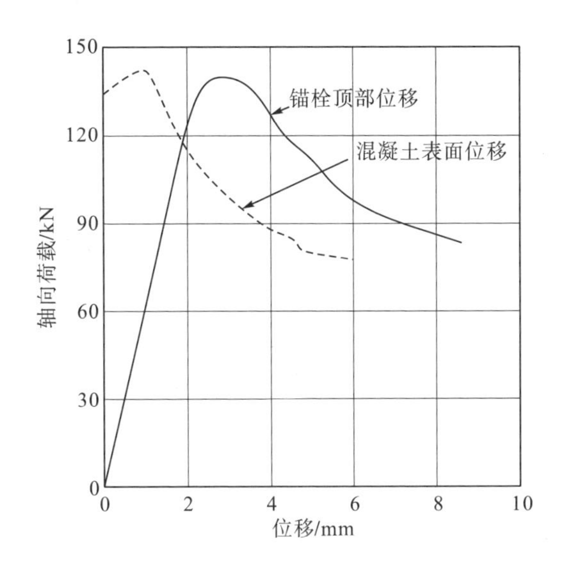

图 3-19　不同位置的两个位移-荷载曲线（d=48mm，h_{ef}=384mm）

通过图 3-19 可以得出如下结论：①锚栓顶部的位移在荷载增加的前一阶段表现为线性，其后表现为塑性特征；②在锚栓顶部位移达到最大时，即荷载达到最大值时，混凝土锥体表面的位移开始发展。说明锚栓系统的混凝土锥体和其下的黏结破坏是同时发生的。

3.2.2　混凝土位移及锚栓滑移分析

3.2.2.1　锚栓位移随荷载变化的情况

1. 位移-载荷关系

各试验锚栓加载端位移测量结果与对应的荷载关系曲线表现为相同的趋势，如图 3-20 所示。从图中可以看出，整个加载过程锚栓系统在静力轴向荷载作用下的破坏过程可分为两个阶段：

(1) 当荷载不太大时(约为总荷载的 70%)，荷载与锚栓位移基本呈线性关系。

(2) 当线性关系结束后，曲线斜率开始下降，上部混凝土锥体部分裂缝开始迅速开展，下部黏结刚度出现大幅下降，当荷载继续增大，锚栓位移迅速发展，锚固体系随之破坏。与小直径锚栓对比，大直径锚栓的荷载-位移曲线具有更加显著的塑性破坏特征。

2. 与小直径锚栓数据的对比

(1) 高—低强混凝土对比。对比本章大直径锚栓(图 3-20) 和 Eligehausen 等[37]小直径锚栓的典型荷载-位移曲线，可以看出：在小直径高强度混凝土时(f_c =55MPa)，荷载-位移曲线陡峭上升，有较大的斜率，锚固系统有较大的刚度，而峰值荷载之后的荷载-位移曲线形态基本相似。

(2) 直径的影响。如图 3-20 所示，对大小直径的对比，发现：锚栓直径大小的差异对荷载-位移曲线发展规律的影响可以忽略不计。

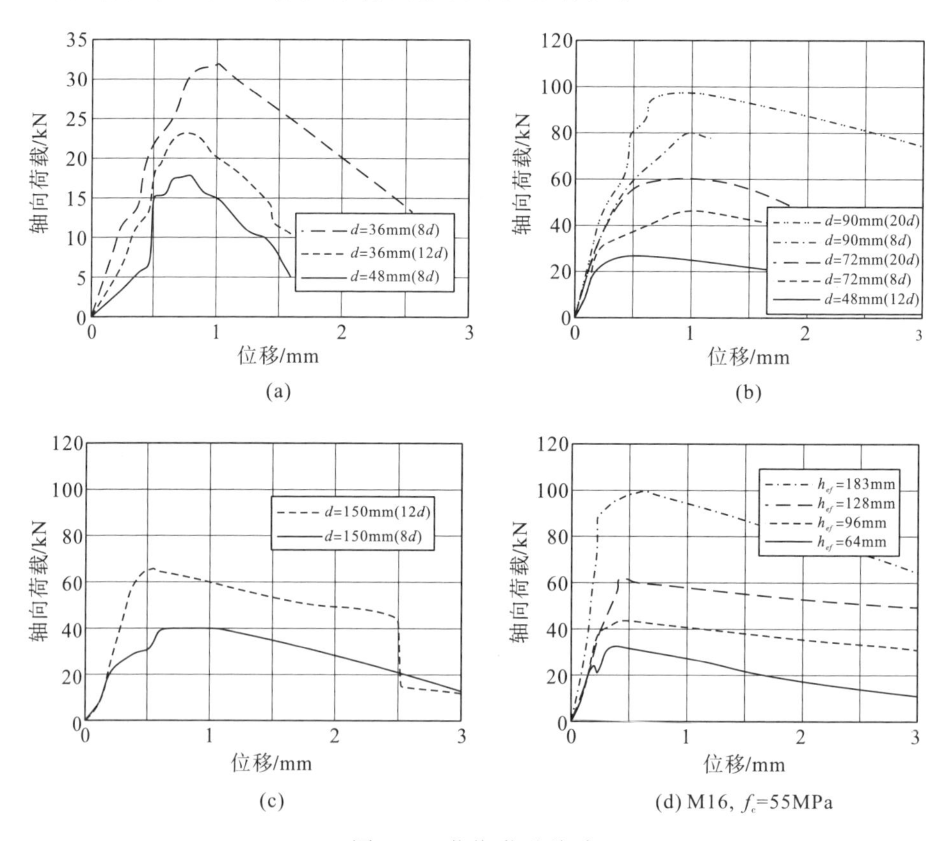

图 3-20 荷载-位移关系

3.2.2.2 位移-荷载关系与破坏模式的关系

在轴向荷载作用下，锚栓的位移-荷载特性取决于破坏的模式。当发生锥体破坏时，位移-荷载曲线急剧上升并在达到破坏荷载后迅速下降(图 3-21 中 *d* 线)。当破坏模式为锚栓-黏结剂-混凝土孔壁的黏结破坏时，呈现具有塑性破坏的模式(图 3-21 中 *a*、*b*、*c* 线)。初始荷载使黏结剂失效，增大位移-荷载曲线的斜率，之后是一个较小的增加，以达到最大荷载。从陡峭的上升到缓慢的下降过程依赖于黏结力和摩擦力。曲线 *a*、*b*、*c* 中的黏结强度依次降低。

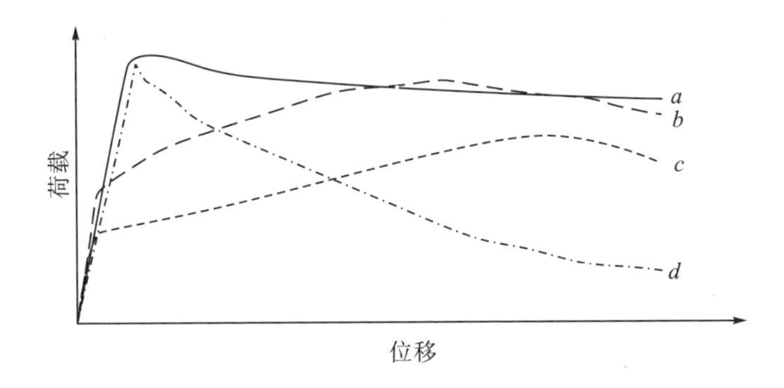

图 3-21　黏结强度对单锚位移-荷载曲线的影响

3.2.2.3　高温环境时荷载作用下的位移行为

研究结果表明：循环荷载作用下锚栓的位移随时间增加而增大。其增大数值与锚固系统内部的温度有关，温度高，位移大(图 3-22)。

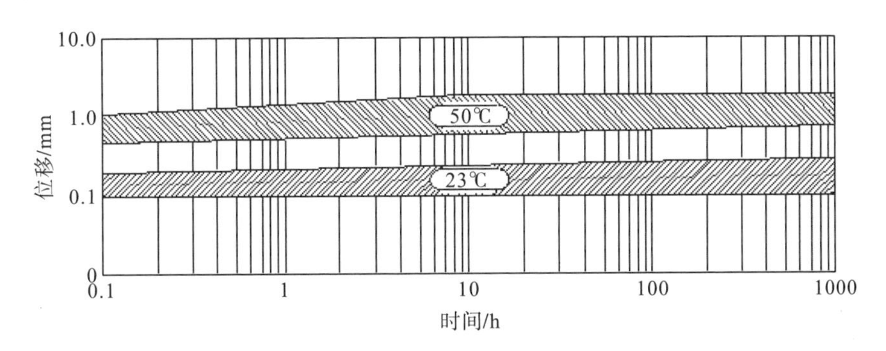

图 3-22　高温环境对锚栓位移的影响

3.2.3　锚栓轴力及黏结剪应力分布规律

3.2.3.1　锚栓轴力分布

试验中通过粘贴箔式应变片来量测锚栓在不同位置的轴向应变，由此得到的锚栓每级荷载下沿埋设深度的黏结应力分布见图 3-23。锚栓拉拔过程测试数据的分析方法如下：锚栓弹性模量的取值采用常规数据 2.0×10^5MPa，每级荷载下的应力取恒载期间的平均值，舍弃异常点位后作应力-深度曲线，由图可见，各锚栓在拉拔过程中应力发展的基本趋势为：越靠近加荷端，应力发展越快。锚栓的破坏形式主要表现为混合型破坏。分析认为，在施工养护良好的情况下胶筋界面和胶混界面的黏结强度大于混凝土的劈裂(受拉)强度，当加荷端锚栓周围混凝土出现微细裂缝时，胶筋界面和胶混界面未破坏，随荷载的增加，裂缝开展，混凝土锥形破坏面随锚栓黏结一起失效导致锚固系统的破坏。

3.2.3.2 黏结剪应力分布

图 3-23 为锚栓埋深直径比固定(h_{ef}/d=8 和 12)，直径增大时，在不同轴向荷载水平下锚栓轴向应力-埋深曲线和由此计算的胶-栓界面黏结应力沿锚固深度分布曲线(计算方法见第 2 章)。当轴向荷载较小时，锚栓轴向应力分布在加载前期，基本呈凹形分布，随埋深的增大而快速减小；当接近极限荷载时，锚栓轴向应力沿锚固深度趋于直线分布。胶-栓界面的黏结剪应力在锥体高度范围内，从混凝土表面向下有由小增大的趋势，大致在锥体底部附近达到最大值。当轴向荷载较小时，在锥体以下部分大致呈双曲正切函数分布，基本符合由第 2 章所得弹性黏结剪力沿锚固深度分布的公式：

$$\tau=\frac{4PG}{\pi d^2 Et\lambda \sinh\left(\lambda h_{ef}\right)}\times\cosh\left(\lambda h\right) \tag{3-1}$$

随着荷载的继续增大，在锚固段中间部分，黏结应力沿锚固深度趋于均匀分布。

试验结果表明：随锚栓直径的增大(36→150mm)，锚固段的平均黏结剪应力分别为 36mm 的 11.64MPa，48mm 的 10.08MPa，72mm 的 9.70MPa，90mm 的 8.70MPa，150mm 的 7.78MPa，黏结剪应力随锚栓直径增大而减小。当锚栓直径相同，锚固深度 h_{ef} 变化时，全锚固段的平均黏结应力无显著变化。当锚栓直径增大，锚固深度 h_{ef} 绝对值增大时，在锚固段的最底端黏结应力有增大的趋势(曲线弯曲)，如图 3-23 所示。

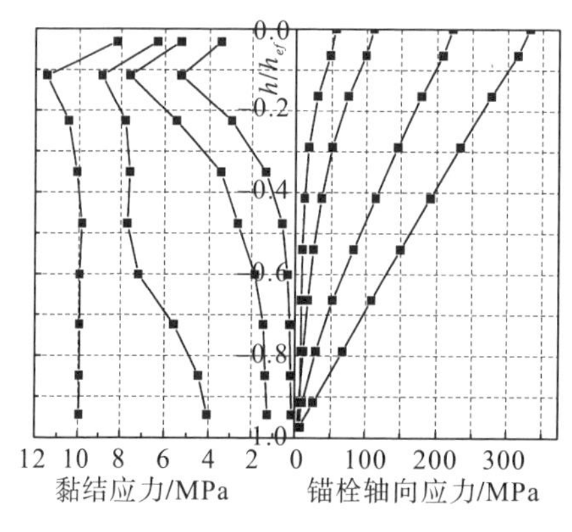

(a) d=36mm，h_{ef}=288mm

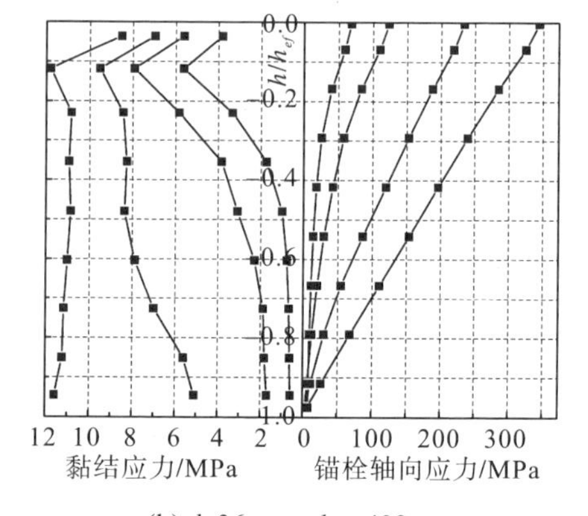

(b) d=36mm，h_{ef}=432mm

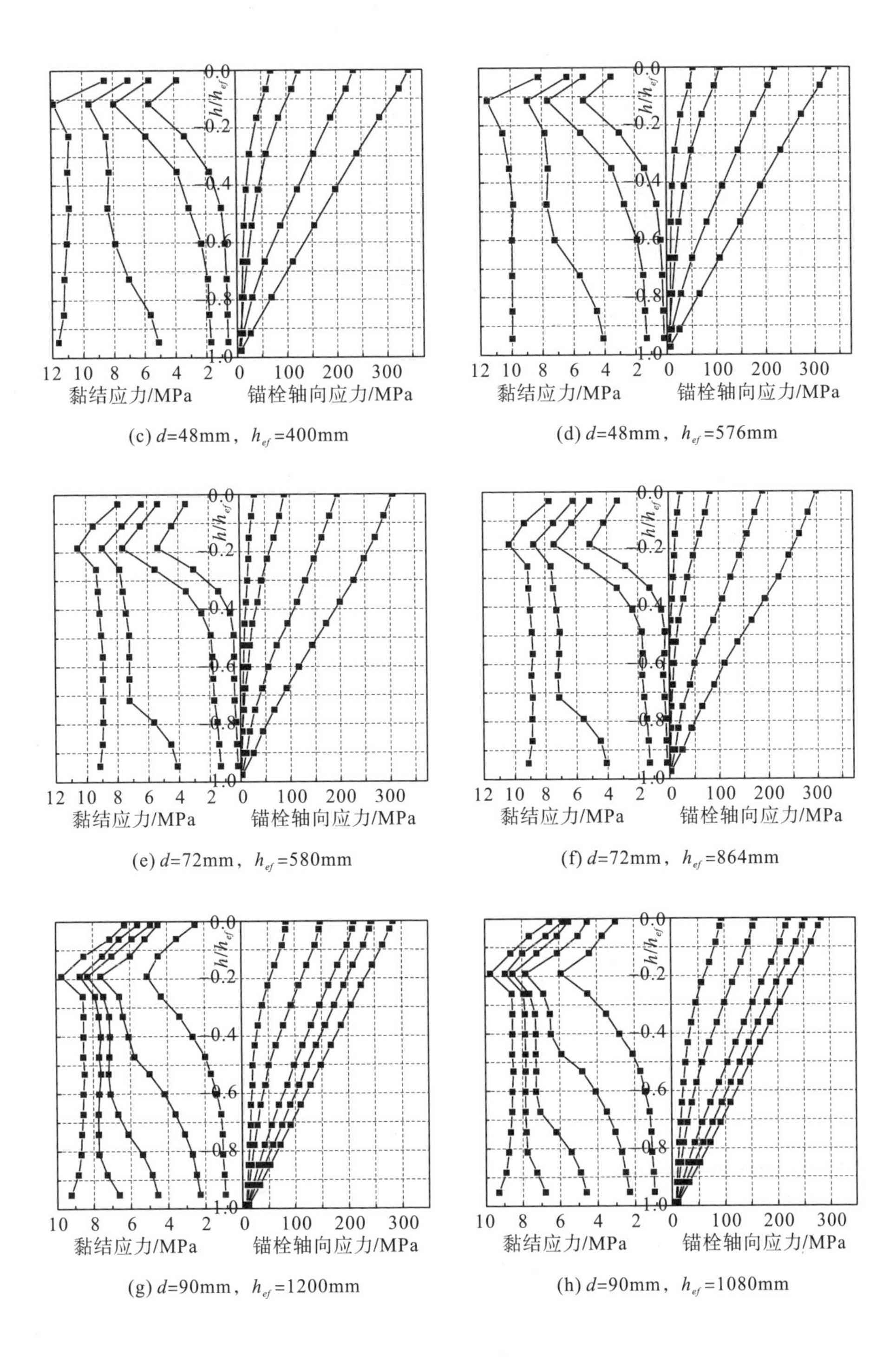

(c) d=48mm，h_{ef}=400mm

(d) d=48mm，h_{ef}=576mm

(e) d=72mm，h_{ef}=580mm

(f) d=72mm，h_{ef}=864mm

(g) d=90mm，h_{ef}=1200mm

(h) d=90mm，h_{ef}=1080mm

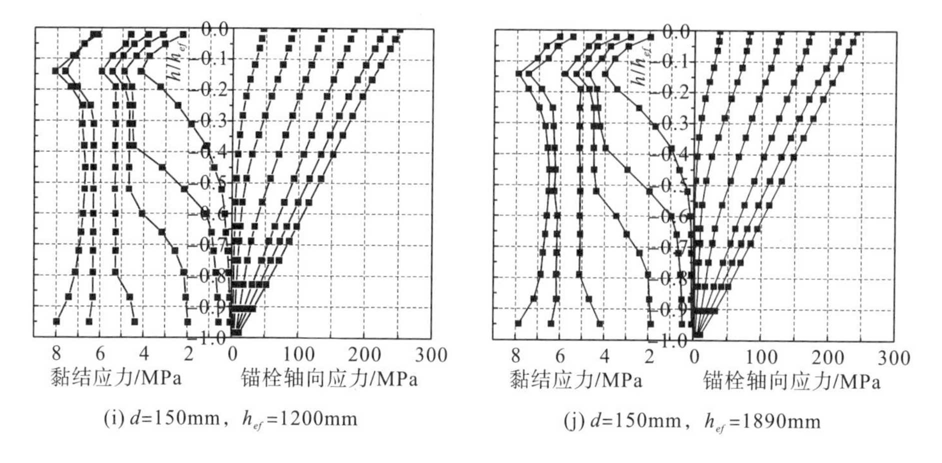

(i) d=150mm，h_{ef}=1200mm　　(j) d=150mm，h_{ef}=1890mm

图 3-23　胶层黏结应力沿深度分布曲线

3.2.3.3　影响黏结剪应力强度的因素

1. 锚栓直径对黏结剪应力强度的影响

通过对试验数据的整理发现：胶层黏结剪应力随锚栓直径的增大有明显减小的趋势，从直径 36mm 锚栓时的 11.75MPa(平均值)减小到直径 150mm 时的 7.83MPa(平均值)，如图 3-24 所示。

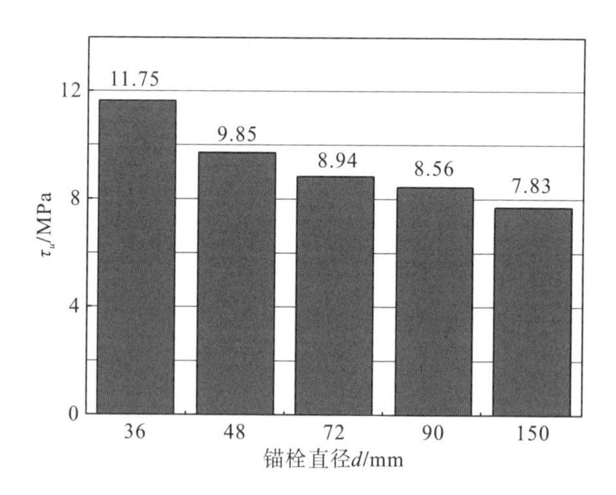

图 3-24　黏结剪应力随锚栓直径变化的趋势

2. 埋深与直径比(h_{ef}/d)的影响

埋深与直径比(h_{ef}/d)对黏结强度的影响除直径为 36mm 时埋深与直径比 12 的黏结强度大于埋深与直径比 8 外，其他均随埋深与直径比增大而减小(图 3-25)。鉴于埋深与直径比试验数据比较有限，其对黏结强度的影响规律还有待更进一步的研究。不同直径时的比例系数如表 3-5 所示。

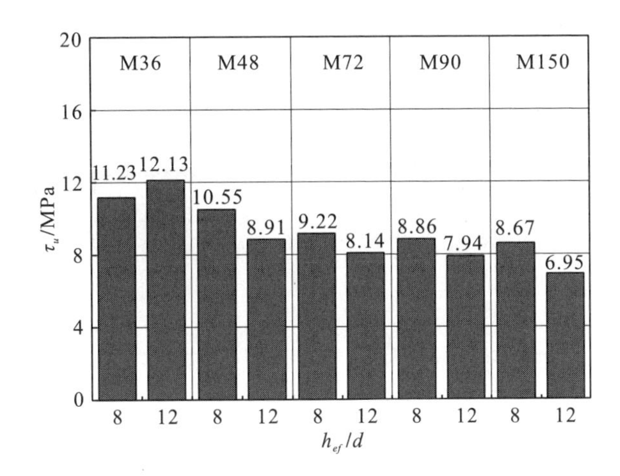

图 3-25　埋深与直径比对黏结强度的影响(极值)

表 3-5　不同直径时的比例系数

锚栓直径/mm	钻孔直径/mm	胶层厚度/mm	ρ
36	46	5	0.109
42	52	5	0.102
90	100	5	0.075
150	160	5	0.054

采用 Lehr 等[55]的方法可求得胶层厚度系数：

$$\rho_i = \frac{d_h - d}{2d} \tag{3-2}$$

其中，d_h 为钻孔直径；d 为锚栓直径。

3. 混凝土强度的影响

在前人的研究基础上一般认为混凝土强度与黏结强度之间的关系为

$$\tau = f_c^n \tag{3-3}$$

Fuchs 等[40]已经证明，锚固系统在埋深小于 5d 时一般为锥体破坏模式，其混凝土强度对承载能力的影响关系为：$N_u — f_c^{0.5}$。在更大埋置深度的复合破坏时，锥体以下发生黏结破坏(5d≤ h_{ef} ≤15d)，混凝土强度对承载能力的影响关系为：$N_u — f_c^{0.3}$。随后 Eligehausen 对混凝土强度 f_c 的影响进行了试验研究(f_c=25MPa，f_c=55MPa)，采用的锚栓直径为 8、12、16mm。根据不同混凝土强度下黏结强度比值与 h_{ef} 等的关系，对于每个锚栓直径进行了数据的回归。其指数公式的关系如图 3-26 和表 3-6 所示。

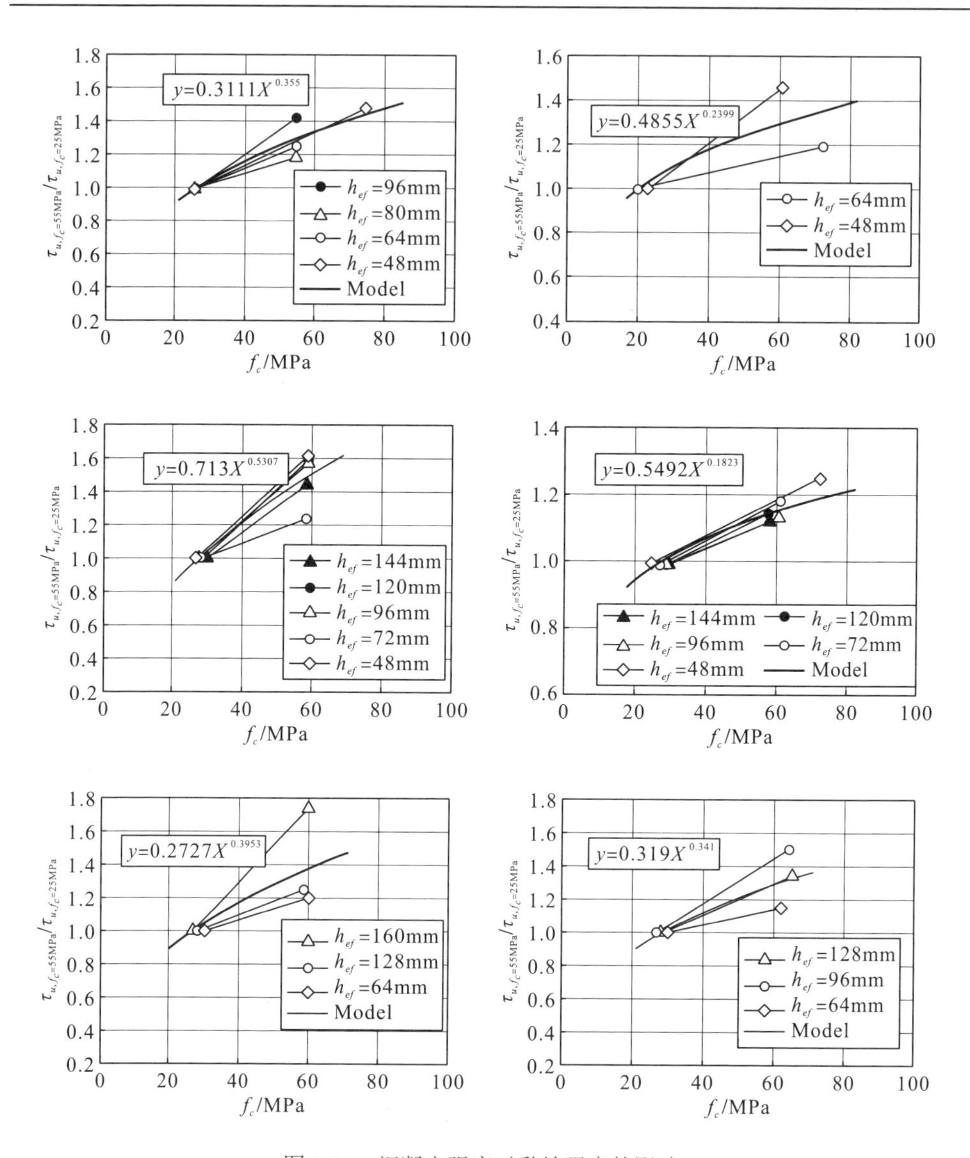

图 3-26　混凝土强度对黏结强度的影响

表 3-6　不同锚栓直径情况下黏结剂对强度的影响系数

锚栓直径/mm	系数 n	变异系数
36	0.36	0.24
48	0.53	0.18
72	0.34	0.39
90	0.37	0.20
150	0.42	0.26

4. 其他影响黏结强度的因素

Cook 等[39]分别对锚固施工养护过程中的地面锚的水分、孔清洗质量、钻孔的表面粗糙度、凝胶时间和复合砂浆的黏度等影响因素进行了研究。

3.2.4 承载能力分析

进行了 80 个试样的试验，其统计结果如表 3-7 所示。表中包括了各个测试系列的结果情况下的试验平均值、变异系数和破坏模式。

表 3-7 有机胶(HIT-RE500)大直径锚栓试验结果统计分析

锚栓直径 d/mm	有效埋深 h_{ef} /mm	锚栓长度 /mm	数量 /根	极限承载能力/kN	极限承载能力均值/kN	变异系数	破坏模式
Φ36	8d	500	2	457	421	17.8%	在锚栓直径为36mm和 48mm时，破坏模式主要表现为复合模式，但其中 36mm的 12d 情况有 2 根锚栓出现了钢材破坏
			2	400			
			2	424			
			2	431			
	12d	650	2	600	580	24.3%	
			2	670			
			2	600			
			2	515			
Φ48	8d	700	2	590	608	14.9%	
			2	600			
			2	638			
			2	600			
	12d	800	2	870	885	11.2%	
			2	880			
			2	850			
			2	885			
Φ72	8d	850	2	980	952	16.2%	
			2	880			
			2	950			
			2	985			

续表

锚栓直径 d/mm	有效埋深 h_{ef} /mm	锚栓长度 /mm	数量 /根	极限承载能力/kN	极限承载能力均值/kN	变异系数	破坏模式
Φ72	12d	1200	2	1200	1325	10.8%	在锚栓直径为72mm、90mm 和150mm时，破坏模式主要表现为复合模式，但其中90mm 和150mm 的12d情况各有 2 根锚栓出现了由施工原因引起的胶体未完全凝固
			2	1500			
			2	1410			
			2	1350			
Φ90	8d	2500	2	2000	1820	16.3%	
			2	1800			
			2	1600			
			2	1680			
	12d	2880	2	3200	2980	15.7%	
			2	2600			
			2	2200			
			2	2600			
Φ150	8d	3000	2	4800	4400	8.5%	
			2	5200			
			2	4200			
			2	4000			
	12d	3600	2	7000	7200	12.3%	
			2	7200			
			2	6800			
			2	7400			

3.3 环氧砂浆黏结试验结果及分析

3.3.1 破坏模式及特征分析

1. 基本破坏模式

环氧砂浆锚固锚栓是采用环氧砂浆料作为黏结剂将锚栓连接到预先在混凝土中钻好的钻孔内。根据其锚栓带扩大头或不带扩大头而分为两种，带扩大头的锚栓其钻孔直径一般要比不带扩大头的锚栓大得多(图 3-27)。通常带扩大头的锚栓锚杆可以采用带螺纹的或不带螺纹的锚杆，锚栓的拉伸荷载通过位于锚杆底端的扩大头传递到无机砂浆中去，进而将荷载传递到混凝土中。而不带扩大头的锚栓通常采用带螺纹的锚杆，轴向荷载主要通过锚栓和无机砂浆料的黏结和机械锁键作用传递到无机砂浆料中，进而传递到混凝土中。

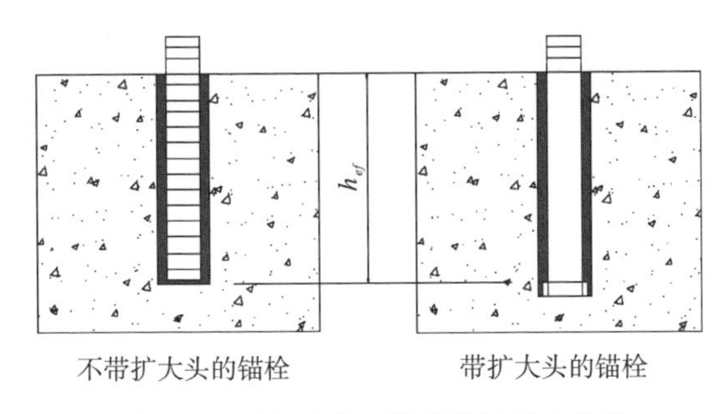

图 3-27　无机砂浆后植锚栓的基本种类

Cook 等[39]对小直径锚栓(12～28mm)的研究表明：锚栓是否带扩大头的构造将影响到锚固系统的传力机理和破坏模式。带扩大头的锚栓其破坏为带浅锥体的混凝土-砂浆界面破坏，当锚栓埋深较浅时为完全锥体破坏。不带扩大头的锚栓其潜在破坏模式为：①锥体破坏；②带有浅锥体的混凝土-砂浆界面破坏；③浅锥体+锚栓-砂浆界面破坏；④浅锥体+复合黏结破坏模式，如图 3-28 所示。

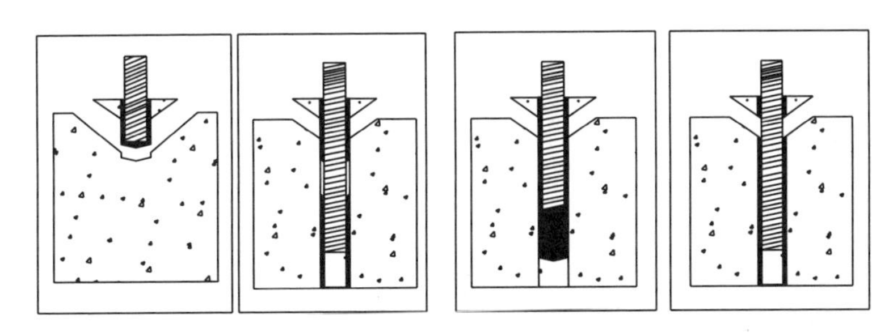

图 3-28　不带扩大头的砂浆锚栓潜在破坏模式

本次试验中采用的锚栓直径为 36、48、72、90、150mm，埋深条件为 $8d$ 和 $12d$。在埋深为 $8d$ 和 $12d$ 条件下，各试件的破坏模式基本相同，表现为混凝土浅锥体+砂浆-混凝土界面黏结破坏的模式，典型破坏模式如图 3-29 所示。Zamora 等[56]在不带扩大头的小直径锚栓的试验中发现主要的破坏模式是锚栓-砂浆界面的破坏[图 3-29(a)]。本章试验发现：当锚栓直径增大后(钻孔直径相应增大)，由于混凝土和砂浆材料的剪胀效应引起混凝土对砂浆径向的约束减弱，机械锁键和摩擦作用减小，混凝土-砂浆界面的总黏结剪应力随之减小，使混凝土-砂浆界面先于砂浆-锚栓界面破坏，从而使破坏模式统一为混凝土浅锥体+砂浆-混凝土界面黏结破坏的模式(图 3-30)。

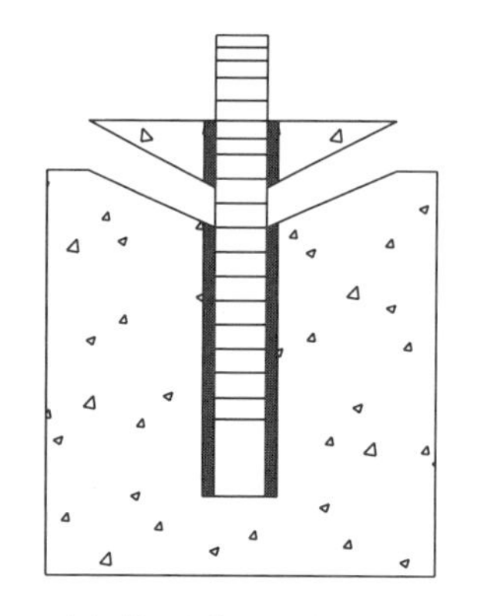
(a) 浅锥体+砂浆-混凝土界面破坏

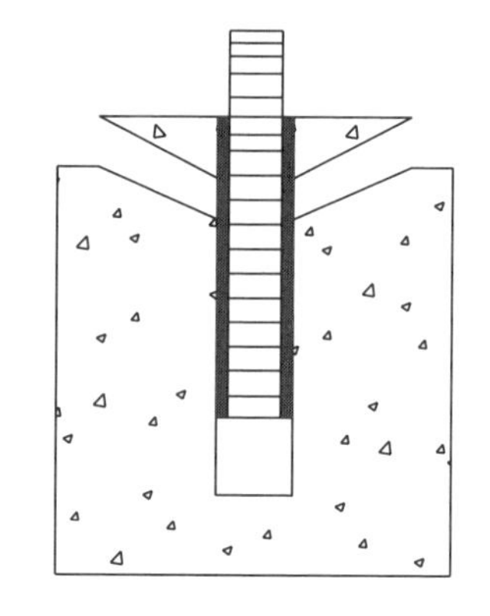
(b) 浅锥体+砂浆-锚栓界面破坏

图 3-29　无机砂浆锚固锚栓的基本破坏模式

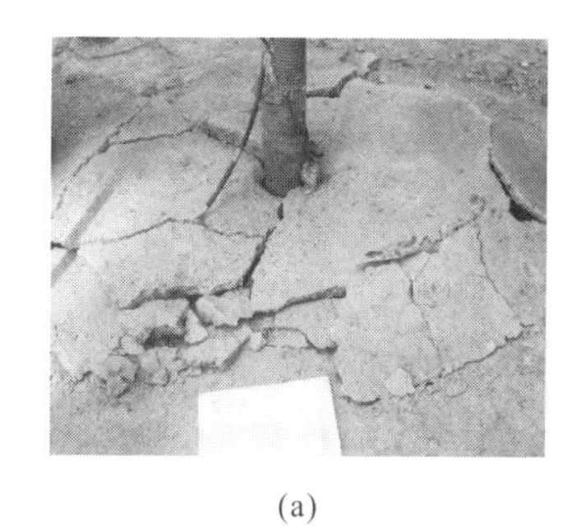
(a)

(b)

(c)

图 3-30　循环荷载位移发展规律

2. 锥体高度和角度

破坏锥体的高度随锚栓直径增大而增大；当锚栓直径相同而锚固深度增大时，锥体高度反而减小。破坏锥体斜面与水平面的夹角介于 20°～35°之间，较喜利得胶黏结情况要小。

3. 界面破坏情况

因砂浆锚固的钻孔直径较有机胶时的大得多，且在本书大直径锚栓的 36～150mm 范围内只观察到了单一的混凝土-砂浆界面的黏结破坏，且混凝土表面的浅部锥体在相同直径和埋深情况下较有机胶黏结剂锚栓小得多，故而未发现在有机胶锚栓中出现的双锥体破坏情况。

3.3.2　位移-荷载关系

砂浆锚固大直径锚栓混凝土浅锥体+砂浆-混凝土界面黏结破坏模式的加载端位移-荷载关系曲线(图 3-31)在静力轴向荷载作用下可大致分为两个阶段：①当荷载不太大时，荷载与锚栓位移基本呈线性关系；②在接近极限荷载时，曲线斜率下降较快，位移快速增加。与混凝土锥体完全破坏模式的脆性破坏曲线相比，大直径砂浆锚固系统具有较高的延性。这种破坏模式主要依赖于砂浆与混凝土间的黏结性能。

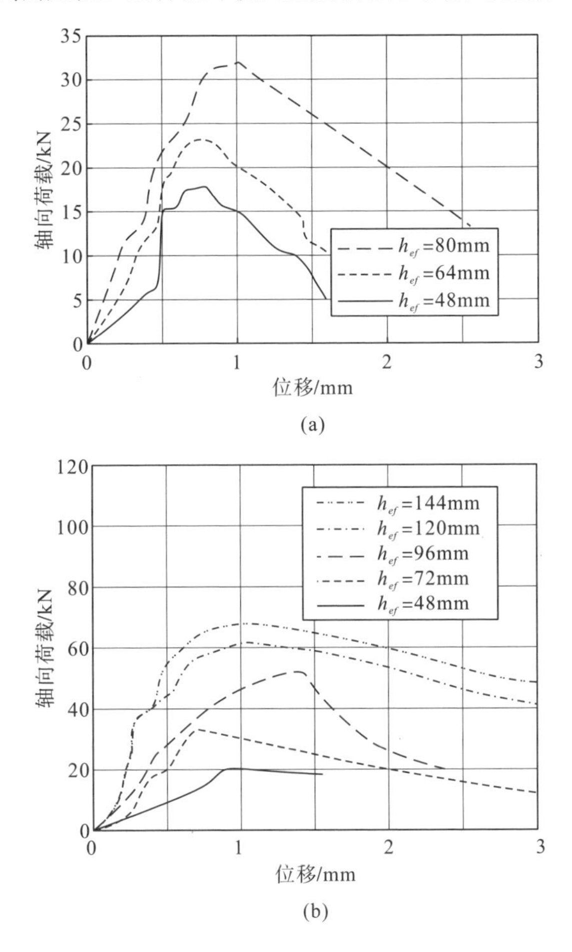

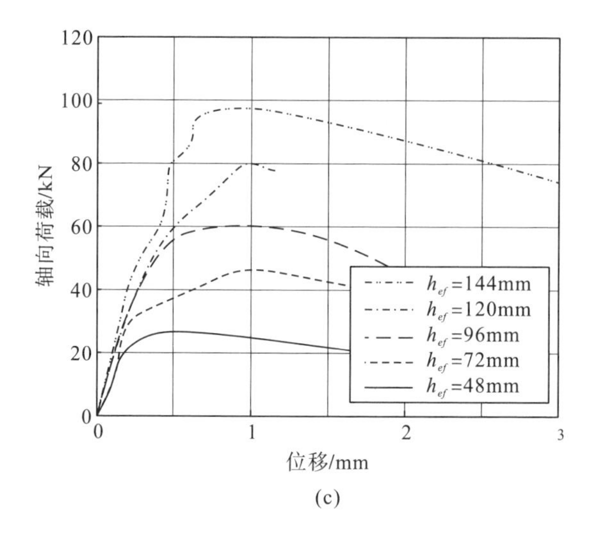

(c)

图 3-31 环氧砂浆锚固大直径锚栓的位移-荷载关系

3.3.3 黏结剪应力分布规律

图 3-32 为h_{ef}/d固定，直径增大(48、72、90、150mm)时，在不同轴向荷载水平下锚栓应力-埋深曲线和由第 2 章公式计算的环氧砂浆-锚栓黏结剪应力沿锚固深度的分布曲线。黏结剪应力在锥体高度范围，大致在锥体底部附近达到最大值。当轴向荷载较小时，在锥体以下部分近似呈双曲函数分布。在趋近极限荷载时，黏结应力沿锚固深度趋于均匀分布，这与有机黏结剂的情况类似。48mm 锚栓平均值为 7.56MPa，90mm 锚栓平均值为 5.92MPa，150mm 锚栓平均值为 5.13MPa，其值较喜利得胶小，且黏结应力随锚栓直径增大迅速减小(图 3-32)。

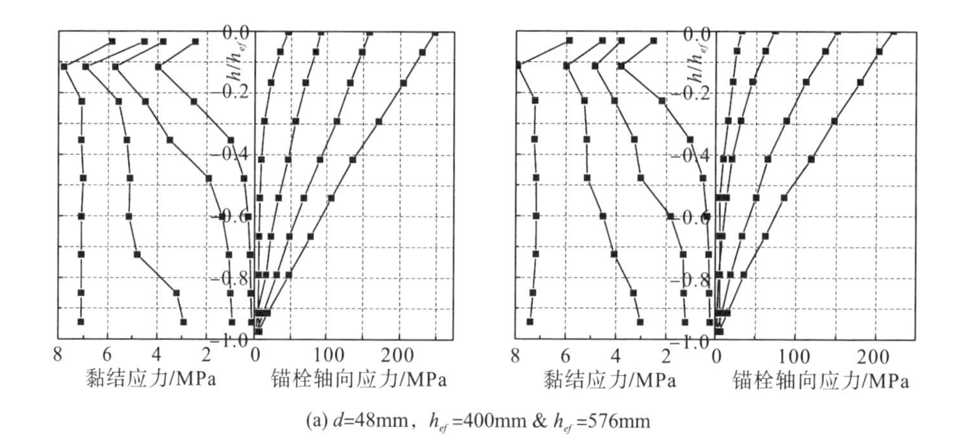

(a) d=48mm，h_{ef}=400mm & h_{ef}=576mm

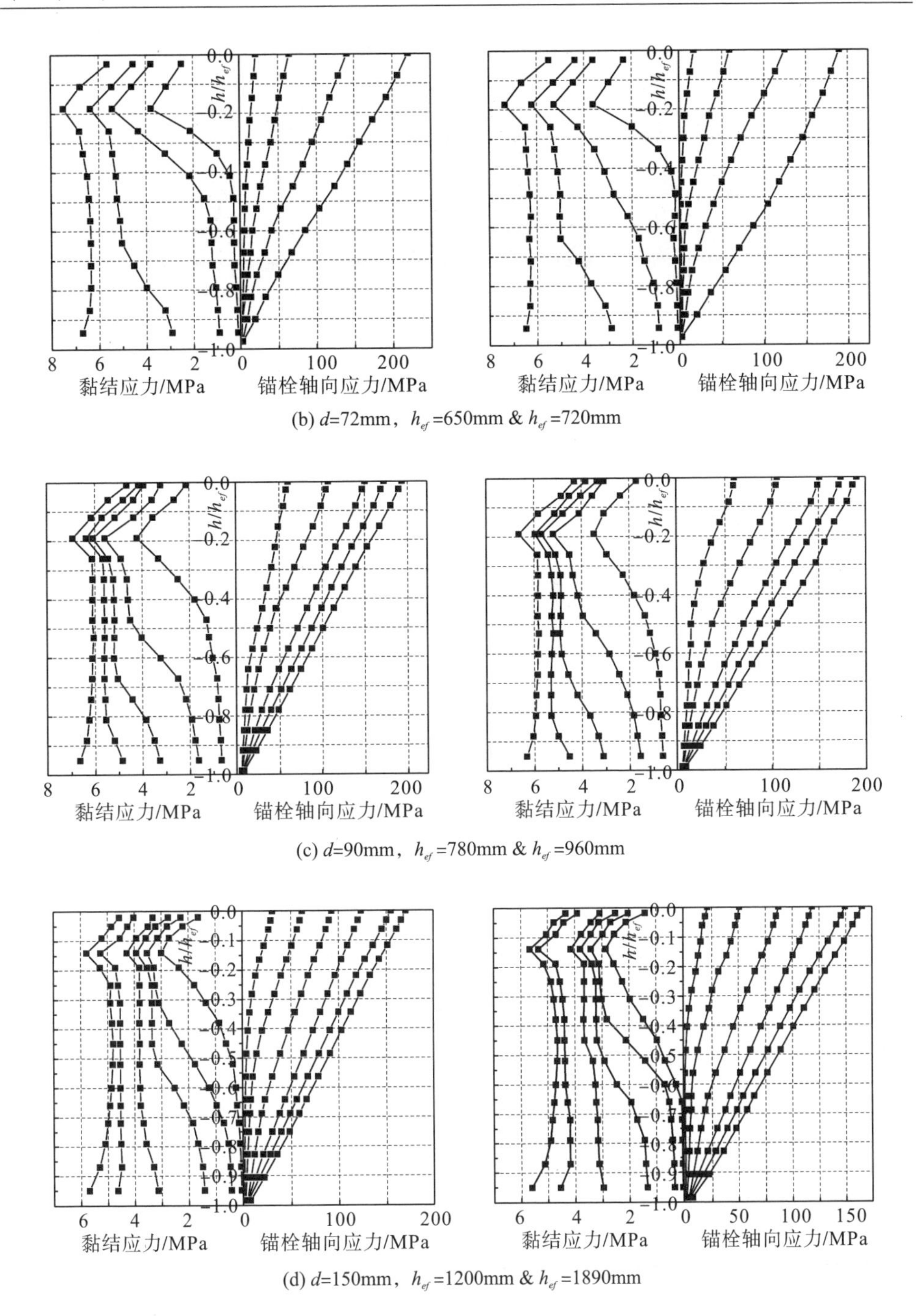

(b) d=72mm，h_{ef}=650mm & h_{ef}=720mm

(c) d=90mm，h_{ef}=780mm & h_{ef}=960mm

(d) d=150mm，h_{ef}=1200mm & h_{ef}=1890mm

图 3-32 平均黏结应力-锚栓直径关系

黏结剪应力与产品类别的关系和产品种类的变异系数分别如图 3-33 和图 3-34 所示。

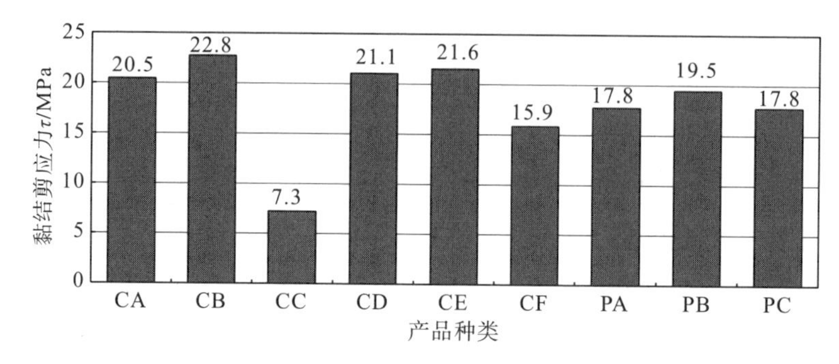

图 3-33 黏结剪应力与产品类别的关系

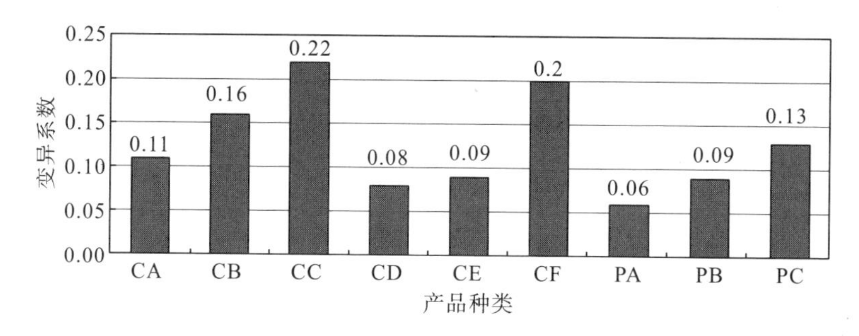

图 3-34 产品种类的变异系数

3.3.4 承载能力分析

承载能力分析工况设计以锚栓直径和有效埋深为主。锚栓直径分别是 36、48、72、90、150mm，有效埋深 h_{ef} 为 8d 和 12d(表 3-8)。

表 3-8 纽维逊(NVCGM)料锚固大直径锚栓试验工况表

锚栓直径 d/mm	有效埋深 h_{ef} /mm	锚栓长度 /mm	数量 /根	极限承载能力/kN	极限承载能力均值/kN	变异系数	破坏模式
Φ36	8d	500	2	242	265	12.1%	直径为 36mm 埋深 8d 锚栓有一根因为刻槽数量较少，发生了拔出破坏外，其他锚栓呈现为浅锥体(较有机胶锥体更浅)+下部混-砂浆界面黏结破坏的模式
			2	288			
	12d	650	2	324	321	8.2%	
			2	318			
Φ48	8d	700	2	467	503	22.3%	
			2	540			
	12d	800	2	500	519	7.5%	
			2	538			
Φ72	8d	850	2	512	525	8.2%	
			2	537			
	12d	1200	2	779	795	12.6%	
			2	810			

续表

锚栓直径 d/mm	有效埋深 h_{ef} /mm	锚栓长度 /mm	数量 /根	极限承载能力/kN	极限承载能力均值/kN	变异系数	破坏模式
Φ90	8d	2500	2	1060	1130	14.2%	
			2	1200			
	12d	2880	2	2590	2295	19.2%	
			2	2000			
Φ150	8d	3000	2	2400	2400	2.3%	
			2	2400			
	12d	3600	2	3200	3100	6.4%	
			2	3000			

3.4 试验结果与现有规程的对比

3.4.1 与 ACI 318 和 ETAG-001 的对比分析

1. 有机胶锚固锚栓

对于化学黏结剂(以环氧树脂为基础的复合胶体)目前还没有被普遍接受的相关方法和规范进行计算和设计。本节将试验结果与现行 ACI 318 规范(相关部分与 ETAG-001 相同)和第 2 章推导公式进行对比，以考察这些方法在大直径后植锚栓中的实用性。从表 3-9 和图 3-35 可知，ACI 318 规范方法和第 2 章弹性公式计算结果的差值随锚栓直径的增加而扩大，两者均显著小于试验结果。

表 3-9 不同公式对比情况

d/mm	h_{ef}/mm	τ_0 /MPa	τ_{max} /MPa	λ'/mm$^{-0.5}$	N_t/kN	弹性式 /kN	ACI 318 式/kN	ACI 318 修正式 /kN
36	320	11.64	14.5	0.018	421	406	423	423
36	420	11.88	14.8	0.017	580	490	636	636
48	400	10.08	11.7	0.015	608	568	592	592
48	560	9.45	11.5	0.012	885	749	979	979
72	576	9.06	10.8	0.013	952	836	889	986
72	864	8.82	10.9	0.014	1325	1125	1202	1374
90	720	8.7	10.2	0.015	1820	1483	1429	1800
90	1100	8.36	10.4	0.014	2980	1944	2588	3183
150	1200	7.78	9.7	0.016	4400	3206	3386	4130
150	1890	7.89	9.9	0.012	7200	4530	6076	7230

注：N_t 为试验承载力。

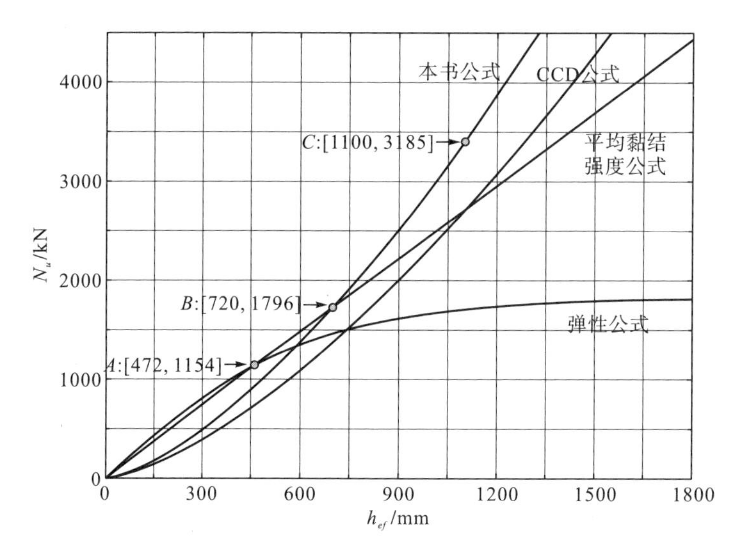

图 3-35 公式对比（d =90mm, τ_0 =7.9MPa, τ_{max} =9.5MPa, λ' =0.014mm$^{-0.5}$）

从图 3-35 可知弹性公式与平均黏结应力方法在 A 点之前有较好的近似，这是因为在 A 点前，锚固深度 $h_{ef} < 5d$ ，由锥体破坏模式控制，在极限荷载时的黏结应力分布为确定的单一模式，当锚固深度增大而趋于混合破坏后，锚固段在锥体范围和接近底部区间的黏结应力要显著大于中间均布段，且破坏锥体高度和直径也随锚栓直径增大而增大，它们提供的附加黏结力导致了弹性公式和平均黏结强度公式的失效。在 A 点之后，随锚栓直径的增加，CCD 方法逐渐超越弹性方法和平均黏结应力方法。分析原因为 CCD 方法是建立在小直径锚栓试验数据库上的，未能充分考虑锚栓直径的尺寸效应。在 CCD 方法公式中增加修正直径和黏结面积相关的修正因子。基于本章的试验和有限元计算结果，引入大直径锚栓承载力的修正因子 $A_b = \pi D h_{ef}$ ，将 CCD 式改写为

$$N_u = 13.5\phi_a h_{ef}^{1.5}\sqrt{f_c} \tag{3-4}$$

其中，$\phi_a = \begin{cases} 1+3A_b^{-0.2}, 50\text{mm} \leqslant d < 150\text{mm} \\ 1, d < 50\text{mm} \end{cases}$ 。这样在式(3-4)中锚栓系统的极限承载能力描述为与锚固深度 h_{ef} 、锚栓直径 d 和基材混凝土强度 f_c 有关的变量，从而较全面考虑了影响锚栓系统承载能力的各项主要因素，其计算结果如表 3-9 最后一列数据所示，能较好地拟合试验结果。

2. 无机砂浆锚固锚栓

无机砂浆黏结剂的破坏模式决定了采用 CCD 方法和弹性方法的缺陷，通过整理黏结面积和承载能力的试验数据，采用 Cook[30]提出的平均黏结强度公式能较好地描述大直径后植锚栓的试验数据，而采用 CCD 方法描述时小直径的数据保障率不够，如图 3-36 和图 3-37 所示。

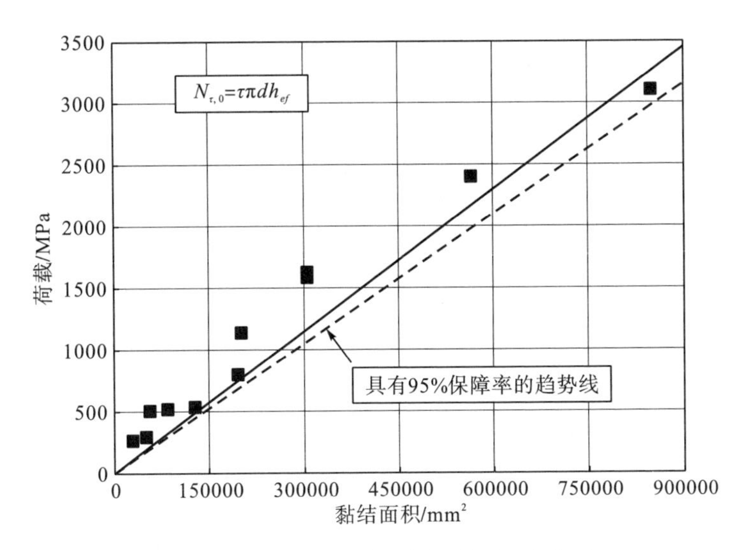

图 3-36　采用平均黏结强度方法评价试验结果

$N_{\tau,0}$ 为由平均黏结强度方法得到的抗拔力

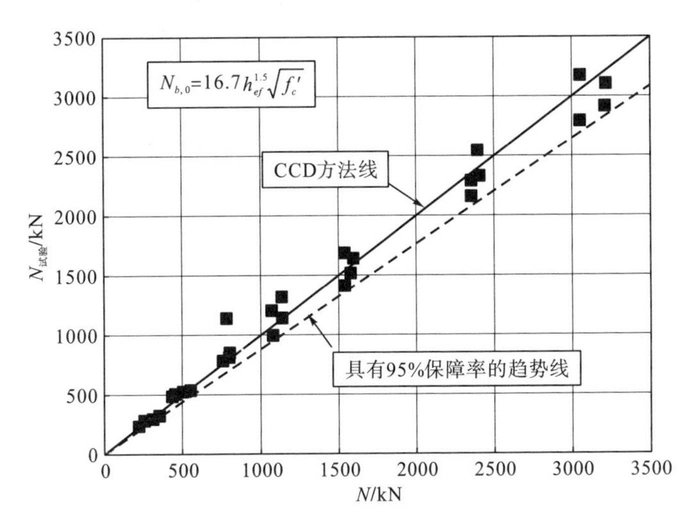

图 3-37　采用 CCD 方法评价砂浆锚固的结果

$N_{b,0}$ 为由 CCD 方法得到的抗拔力；f_c' 为由混凝土圆柱体测得的抗压强度

3.4.2　与《混凝土结构后锚固技术规程》(JGJ 145—2013)的对比分析

与美国 ACI 318 规范中关于预埋锚栓和后植机械式锚栓的条文类似外，我国的《混凝土结构后锚固技术规程》(JGJ 145—2013)在 6.3 节中增加了目前应用较为广泛的化学锚栓(有机或无机化学黏结剂)的计算方法和相关推荐参数取值范围。其具体的规定条文为 6.2.5 节和 6.3.3 节内容(图 3-38)。其中 6.2.5 节的内容在不考虑锚栓直径对黏结强度影响的情况下对高性能黏结剂会造成极大的浪费，而

对于低性能黏结剂4.0MPa和6.0MPa的取值对大直径锚栓黏结强度随锚栓直径增大而迅速减小的情况，其安全储备或工程风险都不能得到保证。

6.2.5 普通化学锚栓粘结强度标准值 τ_{Rk}，对于开裂混凝土，应取为 $\tau_{Rk,cr}$；对于不开裂混凝土，应取为 $\tau_{Rk,ucr}$。τ_{Rk}应根据锚栓产品的认证报告确定；无认证报告时，在符合相应产品标准及下列规定情况下，可按表6.2.5取用。

1 基材混凝土强度等级不低于C25，等效养护龄期不小于600℃·d；

2 普通化学锚栓安装时环境温度不低于10℃；

3 普通化学锚栓的有效锚固深度 h_{ef}不大于 $20d$。

表6.2.5 粘结强度标准值 τ_{Rk}（N/mm²）

安装及使用环境条件	$\tau_{Rk,cr}$	$\tau_{Rk,ucr}$
室外环境	1.3	4.0
室内环境	2.0	6.0

注：1 当化学锚栓上作用有长期拉力荷载时，表内数值应乘以0.4的折减系数；

2 考虑地震荷载作用时，$\tau_{Rk,cr}$应乘以0.8的折减系数；

3 同时考虑长期拉力荷载与地震作用时，$\tau_{Rk,cr}$应乘以0.32的折减系数；

4 最高长期温度下的承载力与常温参照试验的承载力之比小于1时，应按相同比例对表内数值进行折减。

6.3.3 构件的混凝土保护层厚度不低于现行国家标准《混凝土结构设计规范》GB 50010的规定时，植筋用胶粘剂的粘结强度设计值 f_{bd}可按表6.3.3规定值取用。当基材混凝土强度等级大于C30，且使用快固型胶粘剂时，表中的 f_{bd}值应乘以0.8的折减系数。

表6.3.3 粘结强度设计值 f_{bd}（N/mm²）

粘结剂等级	构造条件	混凝土强度等级				
		C20	C25	C30	C40	≥60
A级胶、B级胶或无机类胶	$s \geq 5d$ $c \geq 2.5d$	2.3	2.7	3.7	4.0	4.5
A级胶	$s \geq 6d$ $c \geq 3d$	2.3	2.7	4.0	4.5	5.0
	$s \geq 7d$ $c \geq 3.5d$	2.3	2.7	4.5	5.0	5.5

注：1 表中 s 为植筋间距；c 为植筋边距；

2 表中 f_{bd}值仅适用于带肋钢筋的粘结锚固。

图3-38 《混凝土结构后锚固技术规程》（JGJ 145—2013）相关条文

注：目前“粘结”已改为“黏结”，“胶粘剂”已改为“胶黏剂”。

3.5 本 章 小 结

本章采用 1∶1 尺寸的试样，设计了大直径后植(有机黏结剂和环氧砂浆黏结剂)抗拔试验，并考虑不同锚栓直径、不同埋置深度和不同黏结层厚度等情况，分成 20 种工况进行了试验，分析了试验现象和数据结果，并将试样结果与现行规范和研究成果进行了对比。得到如下主要结论：

(1)在 $8d$ 和 $12d$ 埋深($5d<h_{ef}<15d$)条件下，锚栓系统的破坏模式主要为混凝土锥体+下部黏结破坏的模式。其中，在相同锚固参数条件下喜利得黏结锚栓的破坏锥体较无机砂浆料要大，且在锚栓直径为 72、90、150mm 时，50%的试件出现双锥体破坏的模式。

(2)根据试验测试系统量测到的锚栓轴向位移和混凝土锥体表面位移发展规律，可以推定在极限荷载时混凝土锥体和下部黏结破坏几乎是同时发生的，从而分析了锚固系统在轴向荷载作用下的传力机理，验证了前人的假设。

(3)基于量测到的锚栓轴力在不同荷载等级下的大小和分布情况，利用第 2 章中的理论方法计算了锚栓-胶体界面的黏结剪应力分布，并将其应用于联合位移规律解释锚栓系统的传力机理。结果表明，基于弹性方法的理论公式仅能解释锚栓在较小荷载(弹性阶段)时的黏结剪应力分布规律。

(4)基于试验结果和前人研究成果的分析，探讨了锚栓系统黏结强度随锚栓直径增大而衰减的现象，为通过数值等其他方法讨论这一现象提出了新的问题。

(5)将实测数据与理论计算公式和 ACI 318 和《混凝土结构后锚固技术规程》(JGJ 145—2013)等规范方法进行了对比分析，揭示这些方法对于描述大直径锚栓承载能力方面存在的误差和不足。

第 4 章　非线性数值分析及试验对比

4.1　数值分析的理论基础和实现方法

4.1.1　混凝土材料模型

混凝土是一种准脆性材料，具有高抗压、低抗拉、易开裂的性能。理解和定义混凝土的材料属性是分析混凝土结构的关键之一。为了能最大程度地模拟试验的实际材料特性首先对现有先进的混凝十本构模型进行对比分析[57-60]：

(1)弥散裂纹模型。混凝土弥散裂纹模型是在分析过程中对每个积分点进行独立计算，通过改变开裂点处的应力与材料刚度引入裂纹对整体结构的影响，采用各向同性硬化屈服面和独立的裂纹探测面，通过裂纹探测面确定开裂破坏点；不能模拟宏观裂纹的产生与发展。

(2)损伤塑性模型。混凝土损伤塑性模型(基于 Lubliner 等[61]、Lee 等[62]提出的损伤塑性模型建立)是基于各向同性弹性损伤结合各向同性拉伸和压缩塑性理论来表征混凝土的非弹性行为；该模型较好地模拟了混凝土两个主要的破坏机制：混凝土的拉裂和压碎，其屈服(或破坏)面的形成分别由等效塑性拉应变和等效塑性压应变两个硬化变量控制。混凝土损伤塑性模型可采用加强筋模拟混凝土中的钢筋，以用于钢筋混凝土结构承载能力和破坏模式的精细分析。

鉴于以上两个模型的特点和适用情况，本次分析采用损伤塑性模型。混凝土损伤塑性材料模型的理论及使用该模型进行本项目分析参数计算方法如下：

混凝土损伤模型是基于连续的、塑性的模型。它假定混凝土材料主要因拉伸开裂和压缩破坏而破坏。屈服或破坏面的演化由拉伸塑性应变 $\tilde{\varepsilon}_t^{pl}$ 和压缩塑性应变 $\tilde{\varepsilon}_c^{pl}$ 控制。总的应变率分为(包括)弹性应变率和塑性应变率，表达式为

$$\dot{\varepsilon} = \dot{\varepsilon}^{el} + \dot{\varepsilon}^{pl} \tag{4-1}$$

其中，$\dot{\varepsilon}$ 为总应变率；$\dot{\varepsilon}^{el}$ 为弹性应变率；$\dot{\varepsilon}^{pl}$ 为塑性应变率。

1. 应力、应变关系

应力、应变关系式的张量形式为

$$\sigma = (1 - d_a) D_{a0}^{el} : (\varepsilon - \varepsilon^{pl}) = D_a^{el} : (\varepsilon - \varepsilon^{pl}) \tag{4-2}$$

其中，D_{a0}^{el} 为材料的初始(未损伤)弹性刚度；D_a^{el} 为损伤后的弹性刚度；ε 为总应变；ε^{pl} 为塑性应变；d_a 为标量损伤变量，$0 \leqslant d_a \leqslant 1$。材料未损坏时，$d_a$=0；材料

完全损坏时，d_a=1。

2. 损伤变量确定

损伤是指单调加载或重复加载下，材料性质表现出的一种劣化现象，材料的损伤可以用损伤变量来描述。以下公式适用于 ABAQUS 中损伤变量的计算。

1) 经典损伤理论的混凝土损伤变量计算方法

$$d_a = 1 - E_s / E_o \tag{4-3}$$

其中，E_s为应力-应变曲线上任一点割线模量；E_o为初始弹性模量。

2) Mazars 损伤模型

将拉伸和压缩分别考虑。

(1) 单轴拉伸

Mazars 将应力达到峰值作为分界点，在应力达到峰值前，认为应力-应变(σ-ε)曲线为线性关系，即无初始损伤(或初始损伤不扩展)；在应力达到峰值后，应力-应变关系按下列曲线取值：

$$\begin{cases} \sigma = E_o\varepsilon, & \varepsilon \leqslant \varepsilon_f \\ \sigma = E_o\left[\varepsilon_f(1-A_T) + \dfrac{A_T\varepsilon}{\exp[B_T(\varepsilon-\varepsilon_f)]}\right], & \varepsilon > \varepsilon_f \end{cases} \tag{4-4}$$

其中，A_T和B_T为材料常数，由试验确定；ε_f为峰值应变。对于一般混凝土材料，$0.7<A_T<1$，$10^4<B_T<10^5$，$0.5\times10^{-4} \leqslant \varepsilon_f \leqslant 1.5\times10^{-4}$。单轴拉伸时的损伤方程为

$$\begin{cases} D_{aT} = 0, & \varepsilon \leqslant \varepsilon_f \\ D_{aT} = 1 - \dfrac{\varepsilon_f(1-A_T)}{\varepsilon} - \dfrac{A_T}{\exp[B_T(\varepsilon-\varepsilon_f)]}, & \varepsilon > \varepsilon_f \end{cases} \tag{4-5}$$

(2) 单轴受压

单轴压缩时主应力为

$$\{\varepsilon\} = [\varepsilon_1 \quad -\upsilon\varepsilon_1 \quad -\upsilon\varepsilon_1]^{\mathrm{T}} \tag{4-6}$$

取等效应变为

$$\varepsilon^* = \sqrt{\varepsilon_1^2 + \varepsilon_2^2 + \varepsilon_3^2} = -\sqrt{2}\upsilon\varepsilon_1 \tag{4-7}$$

设开始损伤应变为$\varepsilon_f(\varepsilon_f > 0)$，则当应力达到损伤阈值时有

$$\varepsilon^* = \varepsilon_f \quad \& \quad \varepsilon_1 = \frac{-\varepsilon_f}{\upsilon\sqrt{2}} \tag{4-8}$$

取应力-应变关系为

$$\begin{cases} \sigma_1 = E_o\varepsilon_1, & \varepsilon_1 \geqslant -\dfrac{\varepsilon_f}{\upsilon\sqrt{2}} \\ \sigma_1 = E_o\left(\dfrac{\varepsilon_f(1-A_C)}{-\upsilon\sqrt{2}} + \dfrac{A_C\varepsilon_1}{\exp[B_T(-\upsilon\varepsilon_1\sqrt{2}-\varepsilon_f)]}\right), & \varepsilon_1 < -\dfrac{\varepsilon_f}{\upsilon\sqrt{2}} \end{cases} \tag{4-9}$$

其中，ε_1为主应力方向的应变；υ为横向位移；A_C、B_T为材料常数，由试验确定，

取值范围一般为$1<A_C<1.5$，$10^3<B_T<2\times10^3$。单轴受压时的损伤方程为

$$\begin{cases} D_{aC}=0, & \varepsilon_1\geqslant-\dfrac{\varepsilon_f}{\upsilon\sqrt{2}} \\ D_{aC}=1-\dfrac{\varepsilon_f(1-A_C)}{\varepsilon^*}+\dfrac{A_C}{\exp[B_T(\varepsilon^*-\varepsilon_f)]}, & \varepsilon_1<-\dfrac{\varepsilon_f}{\upsilon\sqrt{2}} \end{cases} \tag{4-10}$$

(3) 屈服条件

该模型用有效应力表示的屈服函数形式为

$$F(\bar{\sigma},\tilde{\varepsilon}^{pl})=\frac{1}{1-\alpha}\left[\bar{q}-3\alpha\bar{p}+\beta(\tilde{\varepsilon}^{pl})(\hat{\bar{\sigma}}_{\max})-\gamma(\hat{\bar{\sigma}}_{\max})\right]-\sigma(\tilde{\varepsilon}_c^{pl})\leqslant0 \tag{4-11}$$

其中，α和γ为与尺寸无关的材料常数；$\bar{p}=-\dfrac{1}{3}\bar{\sigma}:\boldsymbol{I}$，为有效静压力，$\boldsymbol{I}$为单位同性张量；$\bar{q}=\sqrt{\dfrac{1}{3}\bar{S}:\bar{S}}$，为 Mises 等效有效应力；$\bar{S}=\bar{p}\boldsymbol{I}+\bar{\sigma}$，为有效应力张量$\bar{\sigma}$的偏分量；$\hat{\bar{\sigma}}_{\max}$为$\bar{\sigma}$的最大特征值；函数$\beta(\tilde{\varepsilon}^{pl})$的表达式为

$$\beta(\tilde{\varepsilon}^{pl})=\frac{\bar{\sigma}_c(\tilde{\varepsilon}_c^{pl})}{\bar{\sigma}_c(\tilde{\varepsilon}_t^{pl})}(1-\alpha)-(1+\alpha) \tag{4-12}$$

(4) 流动法则

损伤塑性模型采用非相关联塑性流动法则：

$$\dot{\varepsilon}^{pl}=\dot{\lambda}\frac{\partial G(\bar{\sigma})}{\partial\bar{\sigma}} \tag{4-13}$$

流动能 G 为 Drucker-Prager 双曲线函数：

$$G=\sqrt{(\zeta\sigma_{to}\tan\varphi)^2+\bar{q}^2}-\bar{p}\tan\varphi \tag{4-14}$$

其中，φ为高侧限压力条件下 p-q 面中测得的膨胀角；σ_{to}为失效时的单轴拉应力；ζ为流动势偏心率，表示该函数接近渐近线的速率(当$\zeta=0$时 G 趋向一条直线)。流动能是连续光滑的，所以流动的方向是唯一的。式(4-14)在高侧限压力条件下，渐近地接近线性 Drucker-Prager 流动能，并在 90° 时与静压力轴相交。因为塑性流动非相关联，所以用塑性损伤混凝土模型需要求解非对称方程。

p-q 平面的屈服和破坏面如图 4-1 所示。

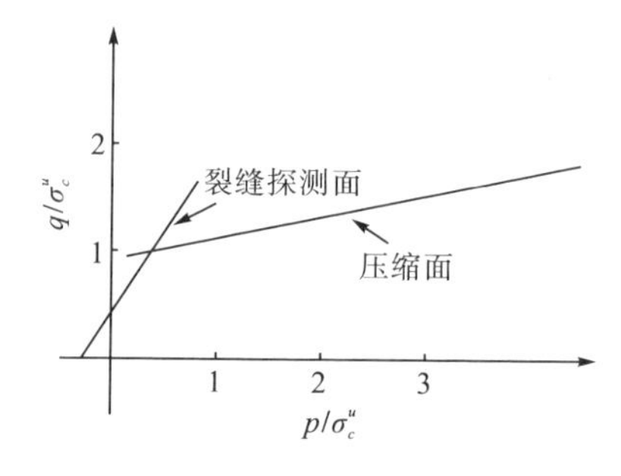

图 4-1　p-q 平面的屈服和破坏面

为描述混凝土材料选定的塑性损伤模型，采用大型商业软件 ABAQUS 中提供的损伤塑性模型(concrete damaged plasticity model，CDP 模型[63-65])来实现对试验结果的对比分析。

4.1.2　模拟胶体黏结行为的材料的本构模型的选取

为有效地模拟试验中胶体黏结行为全过程，整体模型中胶体模型采用 ABAQUS 中基于断裂力学理论的含损伤的线弹性黏单元模型(COHISEIVE 模型)[66]。该模型能有效地模拟：①胶层初始绑定的接触面之间的分离；②胶层因损伤产生的渐进失效。

1. 黏单元的本构模型

模型是基于牵引-分离准则，由峰值强度(N_u)和断裂能量(G_{TC})控制的损伤关系。初始损伤III型破坏模式的判据：

最大正应力准则　　最大正应变准则

$$\mathrm{MAX}\left\{\frac{\langle\sigma_n\rangle}{N_{\max}},\frac{\sigma_s}{S_{\max}},\frac{\sigma_t}{T_{\max}}\right\}=1 \qquad \mathrm{MAX}\left\{\frac{\langle\varepsilon_n\rangle}{\varepsilon_n^{\max}},\frac{\varepsilon_s}{\varepsilon_s^{\max}},\frac{\varepsilon_t}{\varepsilon_t^{\max}}\right\}=1 \tag{4-15}$$

最大二次正应力准则　　最大二次正应变准则

$$\left(\frac{\langle\sigma_n\rangle}{N_{\max}}\right)^2+\left(\frac{\sigma_s}{S_{\max}}\right)^2+\left(\frac{\sigma_t}{T_{\max}}\right)^2=1 \qquad \left(\frac{\langle\varepsilon_n\rangle}{\varepsilon_n^{\max}}\right)^2+\left(\frac{\varepsilon_s}{\varepsilon_s^{\max}}\right)^2+\left(\frac{\varepsilon_t}{\varepsilon_t^{\max}}\right)^2=1 \tag{4-16}$$

初始损伤后的响应定义为

$$\sigma=(1-d_a)\bar{\sigma} \tag{4-17}$$

式中，$d_a=0$，胶层无损伤；$d_a=1$，胶层完全破坏；d_a 单调增加。典型损伤反应如图 4-2 所示。

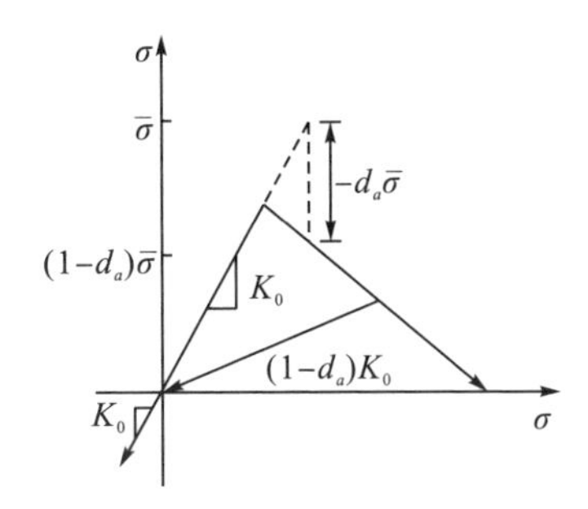

图 4-2　典型损伤反应

2. 损伤评估

损伤评估是基于能量或位移的：①发生失效时，指定全部的断裂能量或后断裂时的有效位移；②可能依赖于混合模式；③混合模式可以由能量或牵引力中的选项来定义(图 4-3)。

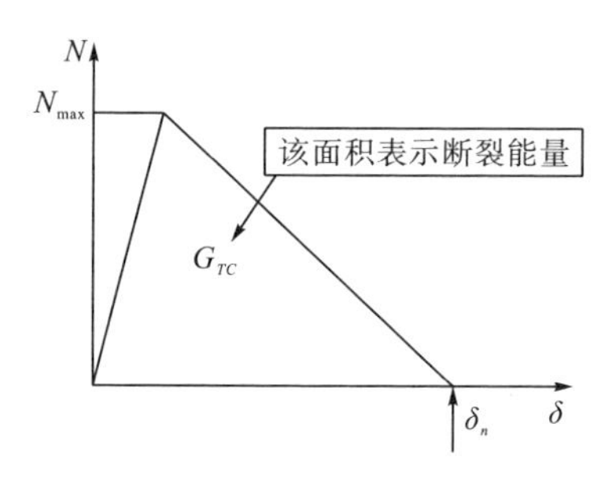

图 4-3 能量的损伤演化

1) 基于能量的损伤演化

破坏能量可以被定义为表格或两种解析形式中的一种混合模式的函数。幂次准则：

$$\left(\frac{G_I}{G_{IC}}\right)^{\alpha}+\left(\frac{G_{II}}{G_{IIC}}\right)^{\alpha}+\left(\frac{G_{III}}{G_{IIIC}}\right)^{\alpha}=1 \tag{4-18}$$

BK 准则：

$$G_{IC}+\left(G_{IIC}-G_{IC}\right)\left(\frac{G_{剪}}{G_T}\right)^{n}=G_{TC} \tag{4-19}$$

其中，$G_{剪}=G_{II}+G_{III}$；$G_T=G_I+G_{剪}$。

2) 基于位移的损伤演化

损伤是有效位移的函数：

$$\delta=\sqrt{\left\langle\delta_n\right\rangle^2+\delta_s^2+\delta_t^2} \tag{4-20}$$

损伤破坏产生的软化效应可以是线性、指数或表格形式的。位移的损伤演化如图 4-4 所示。

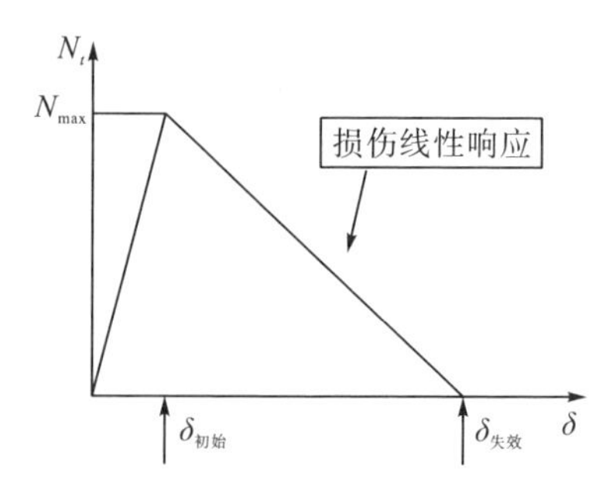

图 4-4 位移的损伤演化

4.1.3　锚栓的材料力学模型

锚栓和混凝土内钢筋的材料力学模型采用金属材料的经典塑性理论，采用 Mises 屈服面来定义各向同性屈服。即：在小应变时，材料性质基本为线弹性，超过屈服应力后，刚度显著下降，材料产生塑性应变。应力-应变关系如图 4-5 所示。

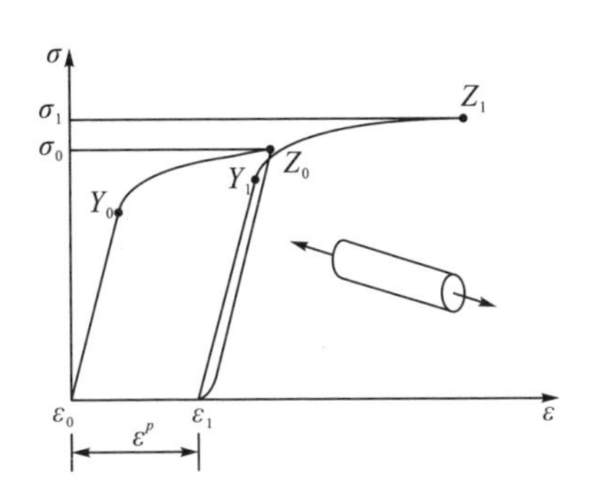

图 4-5　金属材料的弹塑性行为

ABAQUS 中混凝土与钢筋模拟可以使用相互作用模块中的 Embedded region 方法实现。该方法可以自动分析钢筋的节点在混凝土单元中的几何位置后，自动在钢筋节点与混凝土单元之间建立约束方程。在 ABAQUS/CAE 中可以搜索被埋植节点和埋植单元位置关系，如果节点位于其他单元内部，则该节点的平移自由度将从模型总自由度中去除，变成埋植节点。埋植节点的平移自由度将通过所在单元的位移场插值得到。如图 4-6 所示，单元 3 由节点 *A*、*B* 组成；单元 1 由节点 *a*～*h* 构成；单元 2 由 *e*～*l* 构成。节点 *A* 位于单元 1 内，则节点 *A* 的平移位移将会由单元 1 位移场插值得到。同理，节点 *B* 的位移由单元 2 的位移场插值得到。

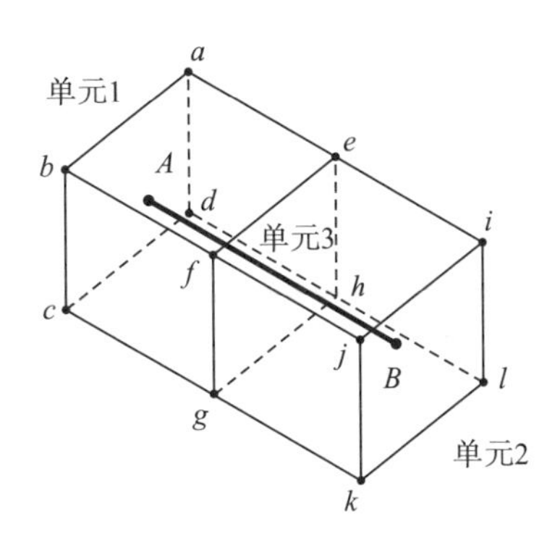

图 4-6　单元埋植于主单元中

4.1.4 材料参数取值

4.1.4.1 混凝土损伤塑性模型参数的确定

由于在工程应用中并没有现成的混凝土损伤塑性模型应力-应变曲线，本模型基于《混凝土结构设计规范》(GB 50010—2002)[67]推荐的应力-应变曲线，根据其相应的抗拉强度 f_t、抗压强度 f_c 和弹性模量 E，进行近似的简化。在达到极限应力时假设其应力-应变曲线为直线，此阶段没有损伤，在极限应力峰值后采用规范给出的应力-应变曲线，采用能量等效原理推导得出单轴损伤演化方程，作为 ABAQUS 建模时模拟混凝土损伤的输入参数[68-69]。

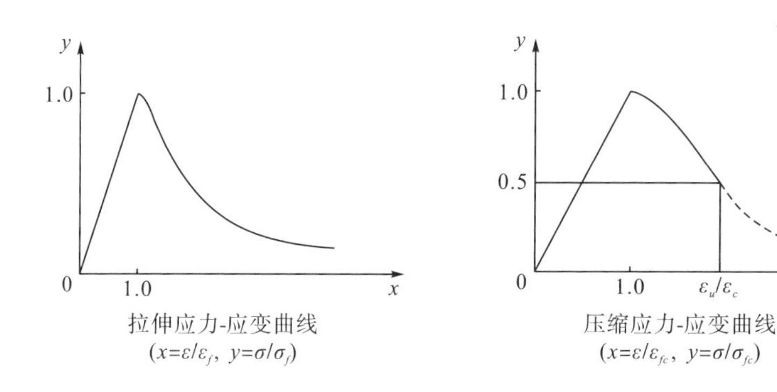

图 4-7 混凝土材料的单轴拉压行为

图 4-7 中公式是通过《混凝土结构设计规范》(GB 50010—2002)[67]简化而来的，能满足大体积混凝土结构的基本需求。混凝土单轴受拉的应力-应变曲线方程可按下列公式确定(在计算中前半部分认为线弹性，损伤只发生在峰值后)：

$$y=\frac{x}{\alpha_t(x-1)^{1.7}+x} \qquad (x\geqslant 1) \tag{4-21}$$

同理混凝土单轴受拉的应力-应变曲线方程可按下列公式确定：

$$y=\frac{x}{\alpha_d(x-1)^{2}+x} \qquad (x\geqslant 1) \tag{4-22}$$

其中，$\alpha_t=0.312f_t^2$；$\alpha_d=0.157f_c^{0.785}-0.905$。

采用上文提到的能量等效原理，可得出单轴受拉损伤方程：

$$\begin{cases} D_a=0 & (x\leqslant 1) \\ D_a=1-\sqrt{\dfrac{1}{[\alpha_t(x-1)^{1.7}+x]}} & (x>1) \end{cases} \tag{4-23}$$

单轴受压损伤方程：

$$\begin{cases} D_a = 0 & (x \leqslant 1) \\ D_a = 1 - \sqrt{\dfrac{1}{[\alpha_d (x-1)^2 + x]}} & (x > 1) \end{cases} \tag{4-24}$$

对于描述模型弹性阶段的弹性模量 E 的取值，考虑到 CDP 模型采用的是等向强化的模型，根据规范提供的混凝土本构关系，取 C30 混凝土受拉开裂时的割线模量 21.1GPa 作为混凝土的初始弹性模量。泊松比取规范推荐值 0.2，混凝土密度取 $2400\,\mathrm{kg \cdot m^{-3}}$。C50 的参数可采用以上的方法获得，下面仅列出 C30 的取值情况。

1. 塑性参数定义

(1) Dilation angle：膨胀角 φ，在 p-q 平面内的膨胀角取 30°。

(2) Eccentricity：流动势偏心率，取为 0. 1。

(3) f_{b0}/f_{c0}：等双轴受压屈服应力与单轴受压极限强度比，取 1.16。

(4) K：在任意给定应力不变量 p 作用下，初始屈服时应力拉伸子午线与压缩子午线第二应力不变量之比，取 2/3 (实取 0.6667)。

(5) Viscosity parameter：黏滞系数 μ。用于黏塑性混凝土本构方程，取 0.0005。

2. 压缩行为定义

损伤模型在单轴压缩中，材料达到初始屈服应力值 σ_{co} 之前假设为线弹性，屈服后是硬化段，超过极限应力 σ_{cu} 后为应变软化。这种表示方法虽然有些简单，但抓住了混凝土的主要特征。单轴应力-应变曲线可以转化为应力与塑性应变关系曲线。压缩行为定义需要分别定义塑性应力损伤因子与非弹性应变的关系。表 4-1 为 C30 材料的抗压行为数据。

表 4-1　C30 混凝土抗压行为数据

抗压应力/MPa	非弹性应变/($\times 10^{-3}$)	损伤因子
15.45	0.00	0.000
18.48	0.151	0.065
19.93	0.376	0.137
20.10	0.515	0.178
19.61	0.833	0.264
15.88	1.893	0.501
12.49	2.937	0.665
10.07	3.934	0.767
7.50	5.528	0.861
4.89	8.995	0.939

3. 拉伸行为定义

单轴拉伸时，应力-应变关系在达到破坏应力 σ_{to} 前为线弹性。材料达到该破坏应力时，产生微裂纹。超过破坏应力后，微裂纹群的出现使材料宏观力学性能软化，这引起混凝土结构应变的局部化。单轴应力-应变曲线转化为应力与塑性应变关系曲线。表 4-2 为 C30 材料的拉伸行为数据。

表 4-2 C30 混凝土拉伸行为数据

抗拉应力/MPa	非弹性应变/($\times10^{-3}$)	损伤因子
2.010	0.00	0.00
0.660	0.350	0.359
0.419	0.647	0.620
0.319	0.937	0.756
0.226	1.513	0.876
0.180	2.087	0.924
0.152	2.660	0.949
0.130	3.321	0.964

4.1.4.2 喜利得有机胶胶体黏单元参数的确定

根据 ABAQUS 提供的模拟胶体的黏单元本构响应关系，结合本次试验中所使用的喜利得有机胶材料参数，其相关取值如表 4-3 所示。

表 4-3 喜利得(HIT-RE500)有机胶材料参数

$E_{\rm I}$/GPa	$E_{\rm II}$/GPa	$E_{\rm III}$/GPa	ρ/(kg·m^{-3})	$\sigma_{\rm I}$/MPa	$\sigma_{\rm II}$/MPa	$\sigma_{\rm III}$/MPa	δ_f/mm
10	10	10	1500	15	15	15	0.00001

注：$E_{\rm I}$ 为 I 型破坏模式下的胶体模量；$E_{\rm II}$ 为 II 型破坏模式下的胶体模量；$E_{\rm III}$ 为 III 型破坏模式下的胶体模量；ρ 为喜利得有机胶凝固后的密度；$\sigma_{\rm I}$ 为 I 型破坏模式下的胶体最大破坏应力；$\sigma_{\rm II}$ 为 II 型破坏模式下的胶体最大破坏应力；$\sigma_{\rm III}$ 为 III 型破坏模式下的胶体最大破坏应力；δ_f 为基于位移的损伤演化模式中胶体达到最大破坏应力后的位移。

4.1.4.3 锚栓钢材材料参数的确定

为准确描述大变形过程中锚栓材料截面面积的改变和可能塑性变形的发生，钢材材料参数采用真实应变和应力描述的应力-应变关系曲线，弹性阶段 E 取 210GPa，泊松比取为 0.3。塑性过程参数(表 4-4)取得过程为

$$
\begin{cases}
\varepsilon_{\text{true}} = \int_{l_o}^{l} \dfrac{\mathrm{d}l}{l} = \ln(\dfrac{l}{l_o}) = \ln(1+\varepsilon_{\text{nom}}) \\
\sigma_{\text{true}} = \sigma_{\text{nom}}(1+\varepsilon_{\text{nom}})
\end{cases}
\tag{4-25}
$$

式中，l_o为拉伸之前长度；l为拉伸之后长度；ε_{nom}为名义应变；$\varepsilon_{\text{true}}$为真实应变；$\sigma_{\text{nom}}$为名义应力；$\sigma_{\text{true}}$为真实应力。

表 4-4　塑性过程参数

真实应力/MPa	塑性应变/($\times 10^{-3}$)
418	0.00
500	15.8
605	29.83
695	56
780	95
829	150
882	250
809	350

4.1.5　胶体黏结性能的数值试验

通过设置锚栓与混凝土间的胶体黏结强度为 5MPa 进行胶体黏结强度的数值模型试验。选择直径为 36mm，埋深为 8d 的锚固模型。其 1/4 几何模型如图 4-8（彩图见附录）所示，图中红色部分胶体厚 5mm，锚栓和混凝土基座均为弹性体。数值试验结果表明在锚栓直径 36mm，埋深 8d 情况下，胶体 5MPa 黏结强度最大可抗 112.6kN（4×2.815E4）的拔力，远小于拉拔试验结果。1/4 数值试验模型的荷载-位移（步长）图如图 4-9 所示。

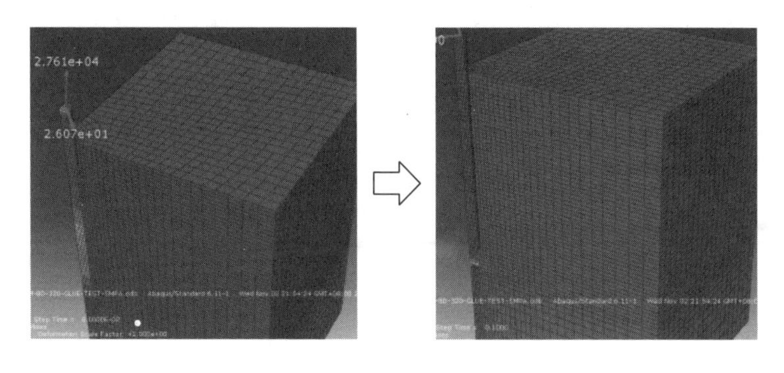

图 4-8　胶体破坏示意图

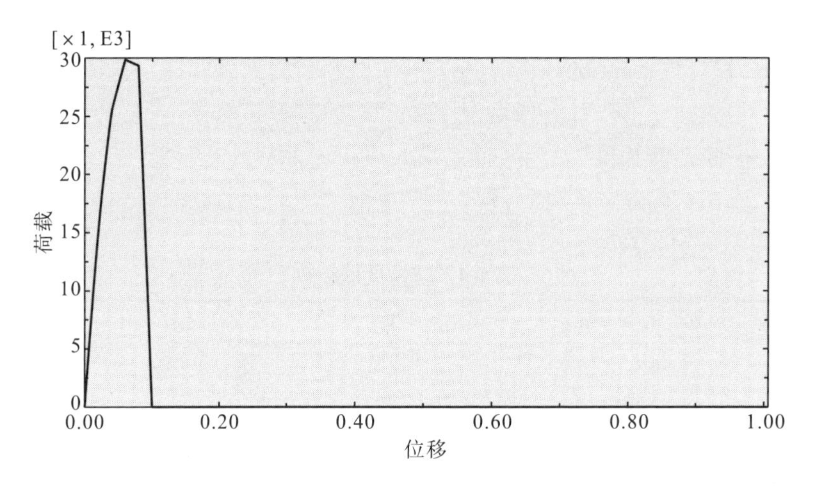

图 4-9 1/4 数值试验模型的荷载-位移(步长)图

4.2 单锚栓的数值分析及结果

4.2.1 非线性数值分析工况和几何模型

1. 与试验对比的工况

为了能精细地模拟和微观考察锚固系统的受力机理，同时检验建立的数值计算方法是否能准确地反映试验结果，在数值分析的第一阶段将试验工况的所用锚栓情况进行了相应的数值模型分析。数值模型的几何特征与其对应的试样完全一致，边界条件以试验情况为基础进行了相似的设置，数值模型的加载控制条件为位移控制。

为了能更为全面地了解后植大直径锚栓的力学特性，在试验对比、数值分析验证正确并调整模型参数后，扩大了数值分析的工况，对更广范围内的锚栓直径和埋深情况进行分析，以期获得对大直径后植锚栓系统除试验结果以外更为详细、全面的理解[70]。单锚栓的其他工况模型如表 4-5 所示。

表 4-5 有机胶（HIT-RE500）大直径锚栓试验对比工况表

序号	锚栓直径 d/mm	有效埋深 h_{ef}/mm	锚栓长度 /mm	数量	钻孔直径 d_h/mm	环形槽长度 /mm	竖向槽长度 mm
1	Φ36	8d	500	1	d+10	288	350
2		12d	650	1	d+10	432	450
3	Φ48	8d	700	1	d+10	384	450

续表

序号	锚栓直径 d/mm	有效埋深 h_{ef}/mm	锚栓长度 /mm	数量	钻孔直径 d_h/mm	环形槽长度 /mm	竖向槽长度 mm
4	Φ72	12d	800	1	d+10	576	650
5		8d	850	1	d+16	576	650
6		12d	1200	1	d+16	864	950
7	Φ90	8d	2500	1	d+16	720	820
8		12d	2880	1	d+16	1080	1200
9	Φ150	8d	3000	1	d+20	1200	1300
10		12d	3600	1	d+20	1800	1900

2. 非试验对比的工况

为了能够更详细、全面地了解后植大直径锚栓的力学特性，又从锚栓直径、锚固长度、胶黏强度上限以及混凝土设计强度的角度进行工况的设计(表 4-6)。

表 4-6　有限元计算工况参数

锚栓直径/mm	锚固长度	胶黏强度上限/MPa	混凝土设计强度
Φ30	8d/15d	20	C30/C55
Φ36	7d/10d/15d	20	C30/C55
Φ42	8d/15d/20d	20	C30/C55
Φ48	7d/15d/20d	20	C30/C55
Φ56	8d/12d/15d/20d	20	C30/C55
Φ64	8d/12d/15d/20d	16	C30/C55
Φ72	6d/10d/15d/20d	16	C30/C55
Φ80	8d/12d/15d/20d	16	C30/C55
Φ90	6d/10d/15d	16	C30/C55
Φ100	8d/12d/15d/20d	16	C30/C55
Φ110	8d/12d/15d	16	C30/C55
Φ125	8d/12d	15	C30/C55
Φ130	6d/10d/15d	15	C30/C55
Φ140	8d/12d/15d	15	C30/C55
Φ150	8d/12d/15d	15	C30/C55

3. 几何模型

根据锚固系统的结构和受力的对称特点，数值分析取 1/4 几何模型，各相关几何参数根据锚栓直径和埋深进行相匹配的确定。1/4 几何模型几何视图如图 4-10(彩图见附录)所示。

(a) 1/4几何模型侧视图

(b) 1/4几何模型俯视图

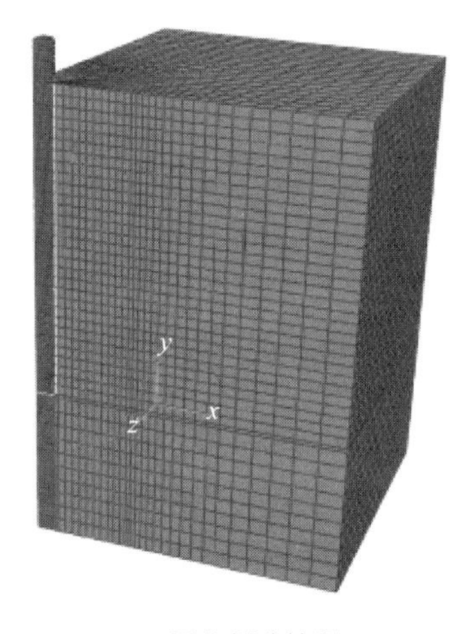

(c) 网格划分情况

图 4-10　胶体黏结强度数值试验 1/4 几何模型

4.2.2　单锚栓的破坏模式分析

通过对具有相同条件(锚栓直径、胶层厚度、埋深等)的试验锚栓和对应有限元模型结果的对比分析发现：试验与有限元模型极限承载能力的比值在 0.909～1.13 之间，平均值为 0.995。破坏模式为混凝土锥体+黏结破坏的复合破坏模式，与试验相同。混凝土锥体的高度随锚栓直径增大而增大，锥体高度与锚固深度比 h_c/h_{ef} 在 0.30～0.40 之间，破坏锥体的角度介于 35°～50°之间。从数值分析结果看，锥体直径应与胶体黏结性能和混凝土强度有关，而非通常认为的仅与植筋深度 h_{ef} 有关。试验和有限元模型破坏锥体高度的比值在 0.83～1.14 之间，平均值为

0.93。有限元模型能较好地反映实际试验的测试结果和锚栓系统的受力特征。

有限元分析表明：混凝土锥体破坏开始于锥体顶面的胶-混界面处，并沿锥体斜面向上发展至混凝土表面，其破坏主要由混凝土的受拉控制；当荷载接近极限荷载时，由于材料的剪胀效应，轴向压力的增大导致胶-混界面黏结剪应力会有所提高，在极限荷载时，沿锥体斜面的裂缝发展到混凝土表面，并伴随下部胶-混界面黏结失效，形成混合破坏现象。图 4-11（彩图见附录）为混凝土极限荷载时的损伤情况和加载过程胶层的破坏过程。当锚栓直径和埋深较大时，破坏表现为双锥体破坏形态，与试验现象吻合，如图 4-12（彩图见附录）所示。

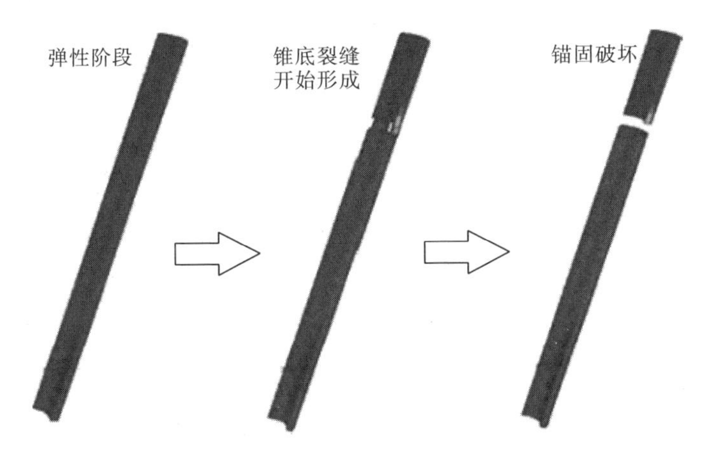

(a) 胶层破坏过程

(b) 混凝土损伤情况

图 4-11　极限荷载时锚固系统破坏情况（d=48 和 90mm，h_{ef}=12d）

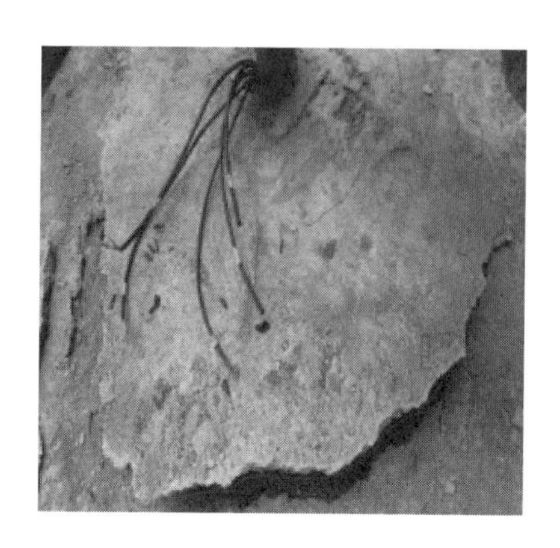

图 4-12 试验和数值模型的双锥体破坏

4.2.3 单锚栓的位移分析

图 4-13 和图 4-14 分别为锚栓轴向位移-荷载曲线的数值模型计算结果和试验测试数据，从两图的对比可以看出，单锚栓的位移-荷载关系数值模型和试验趋势情况吻合较好。

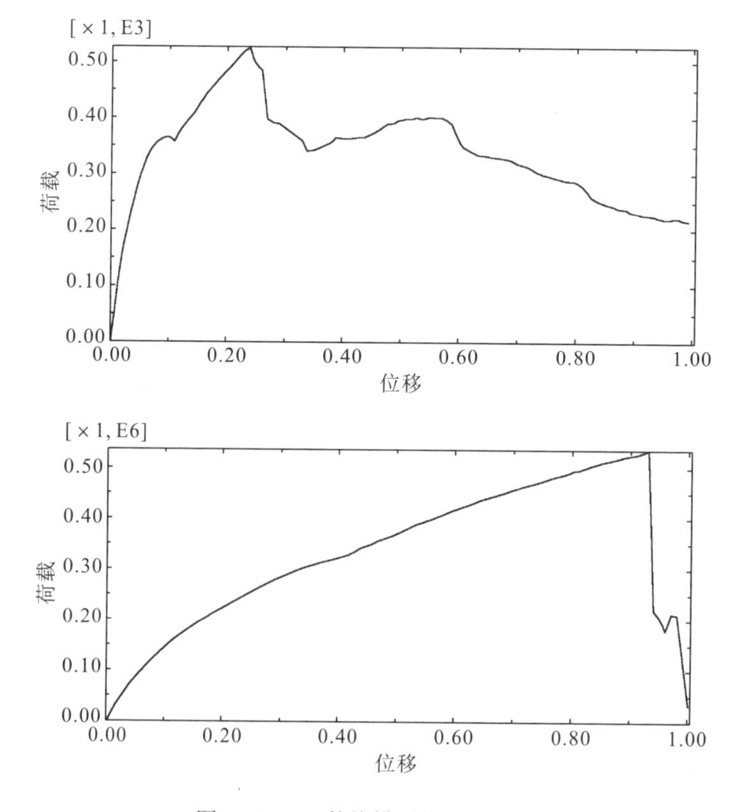

图 4-13 1/4 数值模型位移-荷载图

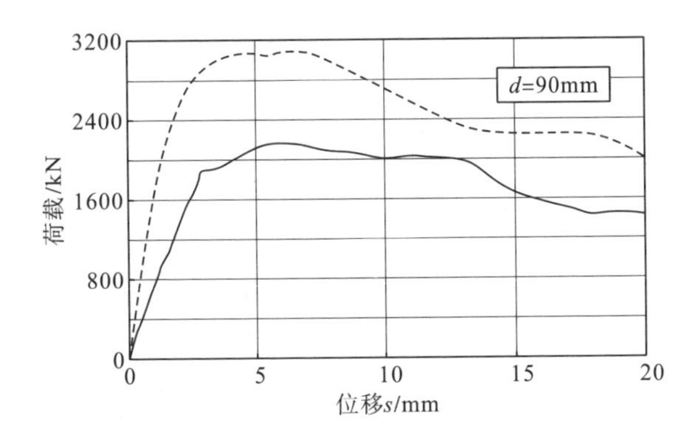

图 4-14　与数值分析对应的位移-荷载关系

4.2.4　黏结剪应力的分布规律及作用机理

图 4-15(a)～(f)为有限元分析中埋深和直径比固定(h_{ef}/d=8)，不同直径锚栓轴向荷载水平下胶层黏结应力沿锚固深度的分布情况，与试验测试结果趋势相同。如图 4-15(d)～(f)所示，当锚栓直径一定，而埋深增加时，平均黏结剪力并无显著的变化。图 4-16、图 4-17 为试验和有限元各工况下黏结应力随锚栓直径的变化情况，全锚固段平均黏结应力从直径 30mm 锚栓的 12.16MPa 减小到 150mm 锚栓的 7.92MPa。

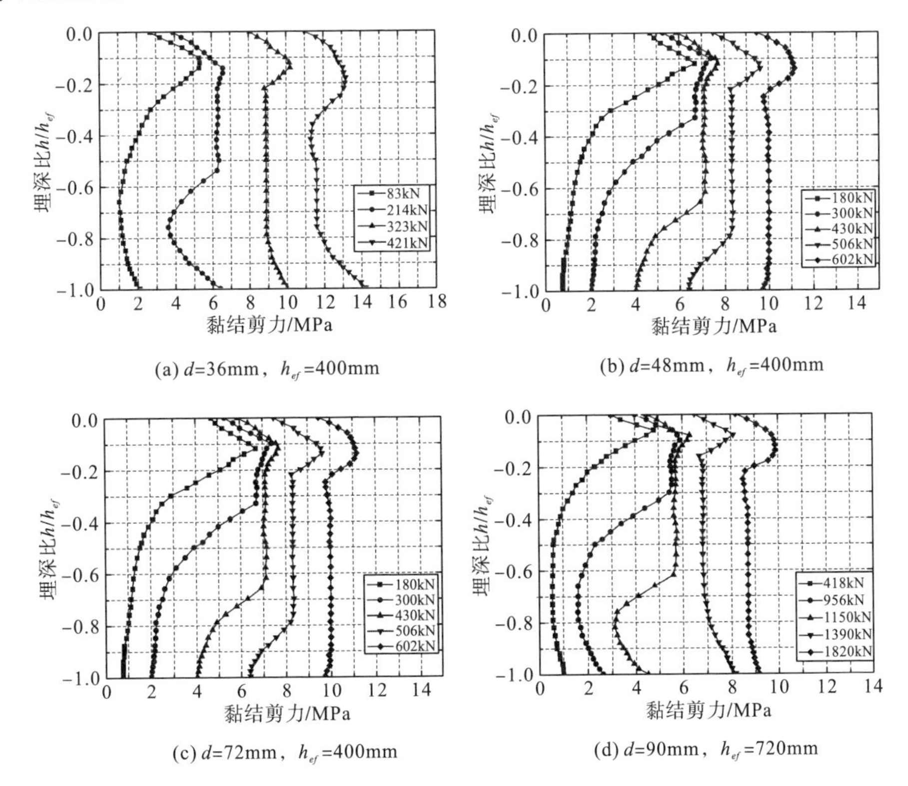

(a) d=36mm，h_{ef}=400mm

(b) d=48mm，h_{ef}=400mm

(c) d=72mm，h_{ef}=400mm

(d) d=90mm，h_{ef}=720mm

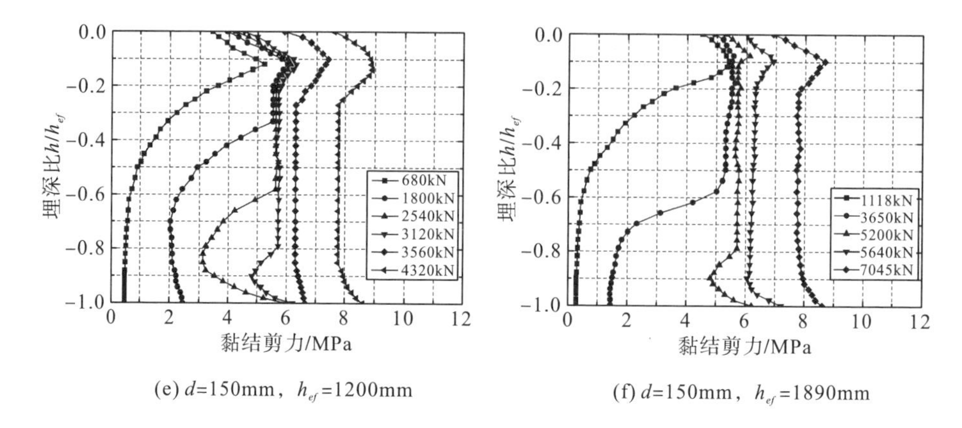

(e) d=150mm，h_{ef}=1200mm　　(f) d=150mm，h_{ef}=1890mm

图 4-15　黏结应力沿锚固深度分布曲线

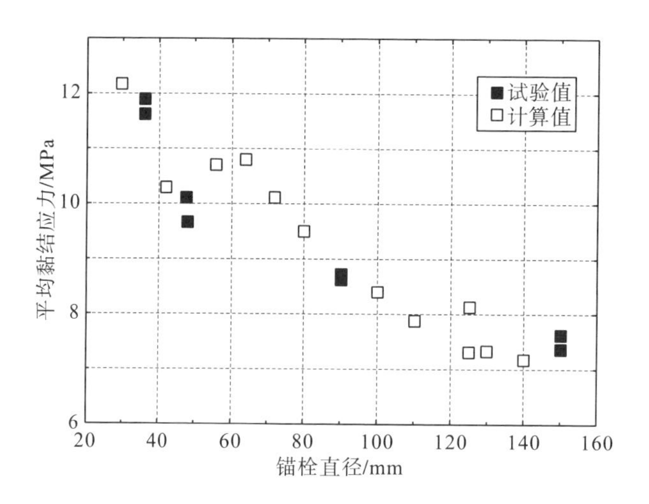

图 4-16　平均黏结应力-锚栓直径关系

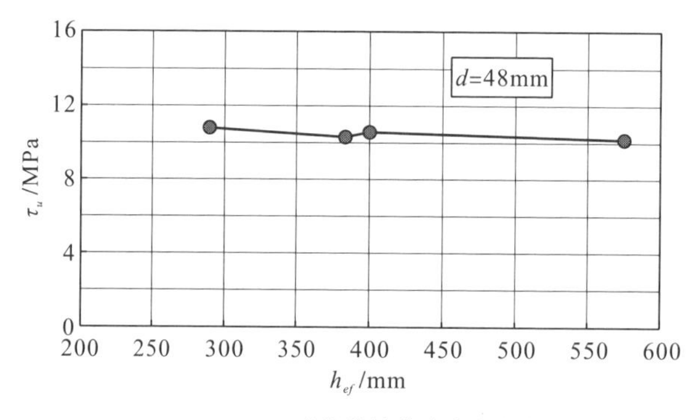

(a) d=48mm时的黏结剪应力变化情况

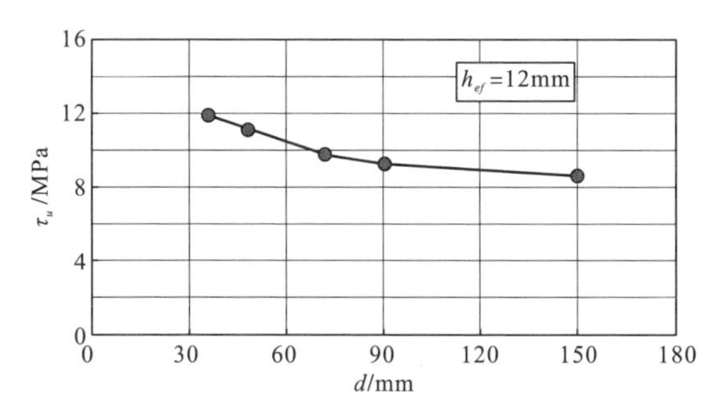

(b) 各锚栓直径平均黏结剪应力变化情况

图 4-17 平均黏结剪应力随锚栓直径变化的趋势图

轴向荷载作用下，化学黏结锚栓的传力机理是：依靠锚栓-黏结胶-混凝土之间的化学黏结、机械锁键和摩擦作用将锚栓上的轴向拉力传递到混凝土基座中去。化学黏结作用与黏结胶性能、钻孔及清孔质量等有关[52]；机械锁键和摩擦作用除与钻孔及清孔质量有关外，还与混凝土中径向压应力有密切的关系。数值分析表明在轴向荷载作用的各个阶段锚栓-胶-混界面的黏结剪应力的分布特征与试验中观测类似，即：当锚栓直径一定，而埋深增加时，平均黏结剪应力并无显著的变化；当直径增大时，黏结剪应力数值随之减小，大致呈线性分布。从图 4-18(a) 中可以看出，在相同锚栓(及钻孔)直径，埋深不同时，钻孔附近混凝土中径向压应力范围基本一致；而径向压应力范围随直径增大而有所减小(图 4-18(b))(彩图见附录)；压应力区及其数值随锚栓(钻孔)直径的增大而减小，其数值从 36mm 锚栓时的 11MPa 减小到 150mm 时的 8.9MPa。图 4-19 为试验和数值分析中平均黏结剪应力和混凝土中钻孔径向压应力随锚栓直径变化趋势的情况。通过试验和数值对比分析，可以认为压应力区范围的变化，反映的是混凝土材料的剪胀效应随锚栓直径的增大而减小的趋势[71]，这导致锚栓-胶层-混凝土界面的机械锁键和摩擦作用随锚栓直径增大而减小。

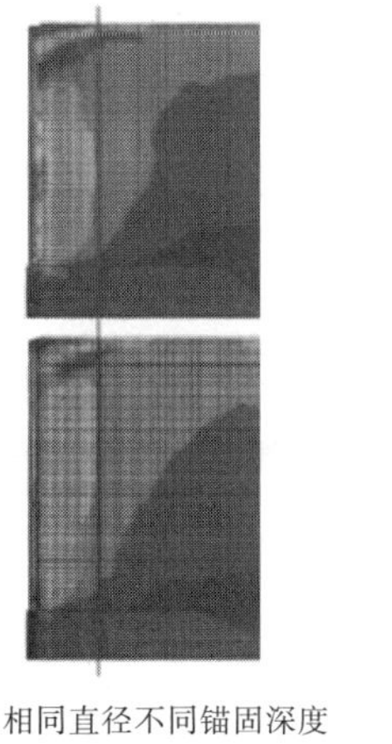

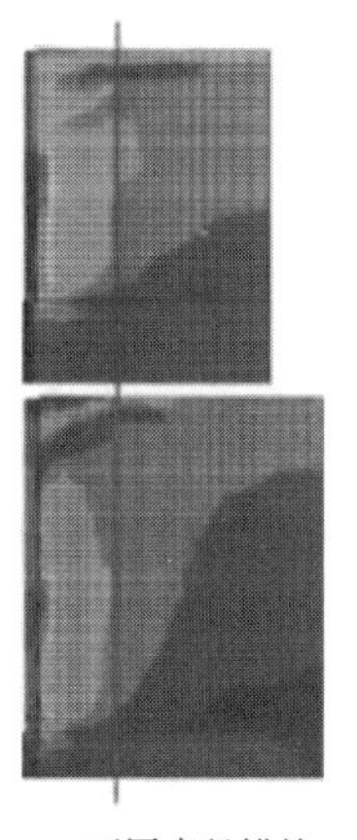

(a) 相同直径不同锚固深度　　(b) 不同直径锚栓

图 4-18 极限荷载时混凝土中轴向压应力区分布图

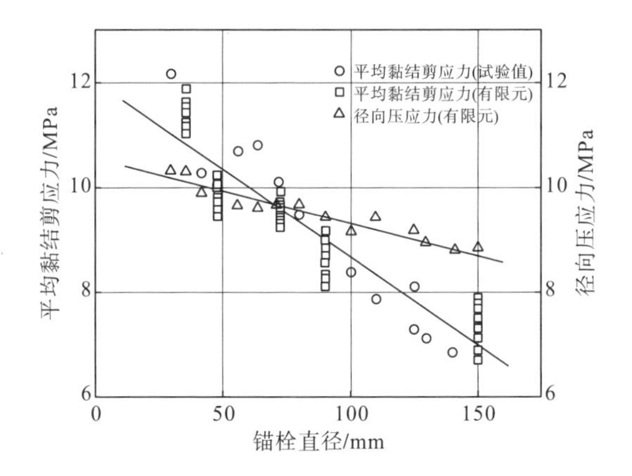

图 4-19 平均黏结剪应力-锚栓直径关系

4.2.5 极限承载能力与模型和试验数据的对比

1. 破坏模式

数值模型的破坏模式表现为单一的混凝土锥体+下部黏结破坏的模式。上部锥体随锚栓埋深的增加而减小的趋势较为明显，锥体的直径随锚栓直径的增加而增加，但增加趋势随直径增大而减小。当锚栓直径为 72、90、150mm 时数值模型计算结果均出现双锥体破坏模式，与试验现象吻合较好。数值计算模型下部黏结的破坏情况在表 4-5 设置的黏结强度条件下均未发生胶层的破坏，黏结的破坏均发生在混凝土和胶层界面，这与试验观察到的现象有一定差别。对比试验和数值模型结果，这一现象应该是试验试件的锚固施工的可靠性和黏结胶体产品的个别差异有关。试验与数值模拟对比结果如表 4-7 所示。

表 4-7 试验与数值模拟对比

d/mm	h_{ef}/mm	τ_0 /MPa	τ_{max} /MPa	λ' /mm$^{-0.5}$	$N_{t,均值}$/kN	N_e/kN	破坏模式
36	320	11.64	14.5	0.018	421	406	CCB
36	420	11.88	14.8	0.017	580	490	CCB
48	400	10.08	11.7	0.015	608	568	CCB
48	560	9.45	11.5	0.012	885	849	CCB
72	580	9.72	10.8	0.015	1275	1266	CCB
90	720	8.7	10.2	0.015	1820	1783	CCB
90	1100	8.36	10.4	0.014	2980	2844	CCB
150	1200	7.78	9.7	0.016	4400	4206	CCB
150	1890	7.89	9.9	0.012	7200	7530	CCB

注：d 为锚栓直径，h_{ef} 为锚栓埋深，$N_{t,均值}$ 为试验承载力，N_e 为数值计算承载力，CCB 为复合破坏模式简写，λ' 为试验系数。

2. 破坏荷载和位移

与试验结果相比数值计算模型的极限荷载值十分接近，这说明建立的数值分析模型及其参数的取值能客观地反映试验的条件[72]，同时为未进行试验的工况分析奠定了基础。在锚栓轴向位移方面，相同条件下试验试样测得的位移较其对应的数值模型大约 1.5～2.0 倍。

3. 黏结强度

数值计算模型下部黏结的破坏情况在表 4-5 设置的黏结强度条件下均为混凝土和胶层界面破坏，与试验现象有一定差别，但黏结剪应力的分布规律与试验观测结果相同。

4.3　群锚非线性数值分析

相对于前人的研究范围(锚栓直径在 6～22mm 之间)[48,73]，本章研究的大直径后植锚栓的直径在 36～150mm 之间，其极限轴向承载能力相对于小直径锚栓有了显著的提高。第 3 章已经对大直径单锚栓的轴向极限承载能力进行了较为充分的试验研究，在本章前半部分对采用数值分析方法的可靠性通过与试验结果的对比进行了验证。在实现群锚的试验研究方面[74-75]，超大荷载的加载装置和设备上的困难可以通过数值分析的手段得到克服，本节将以数值分析为主要手段对影响群锚承载能力的若干问题和相关参数进行研究。主要通过变化平均黏结剪应力 τ，锚栓直径 d，锚栓埋深 h_{ef} 和锚栓间距 s，对它们之间的关系进行深入分析。本节数值分析的主要工况如表 4-8 所示。

表 4-8　群锚条件的数值分析工况

锚栓直径 d/mm	有效埋深 h_{ef} /mm	h_{ef}/d	s/h_{ef}	s/d
48	384	8	1.0	8
	576	12	1/3	4
			2/3	8
			1.0	12
			1.5	18
	720	15	1.0	15
72	288	4	1	4
			1.5	6
			2	8
			2.5	10

续表

锚栓直径 d/mm	有效埋深 h_{ef} /mm	h_{ef} /d	s/ h_{ef}	s/d
72	576	8	0.5	4
			1	8
			1.5	12
			2	16
			2.5	20
	864	12	1/3	4
			2/3	8
			1	12
			1.5	18
	1152	16	1/4	4
			0.5	8
			3/4	12
			1	16
	1440	20	0.2	4
			0.4	8
			0.6	12
			1	20
90	810	9	2/3	6
			1	9
			4/3	12
			1.5	13.5
			5/3	15

4.3.1 群锚的数值分析结果

一般情况下，群锚的破坏模式如图 4-20～图 4-22 所示。图 4-20 中当锚栓具有较小的中心距离时，由两个锚栓组成的群锚会发生锥体破坏，破坏深度和锥体大小都会随锚固深度的增加而增加。此时的群锚破坏类似于单锚时的破坏模式。

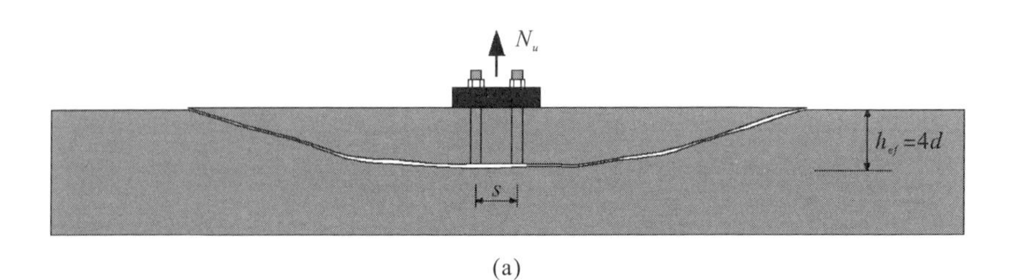

(a)

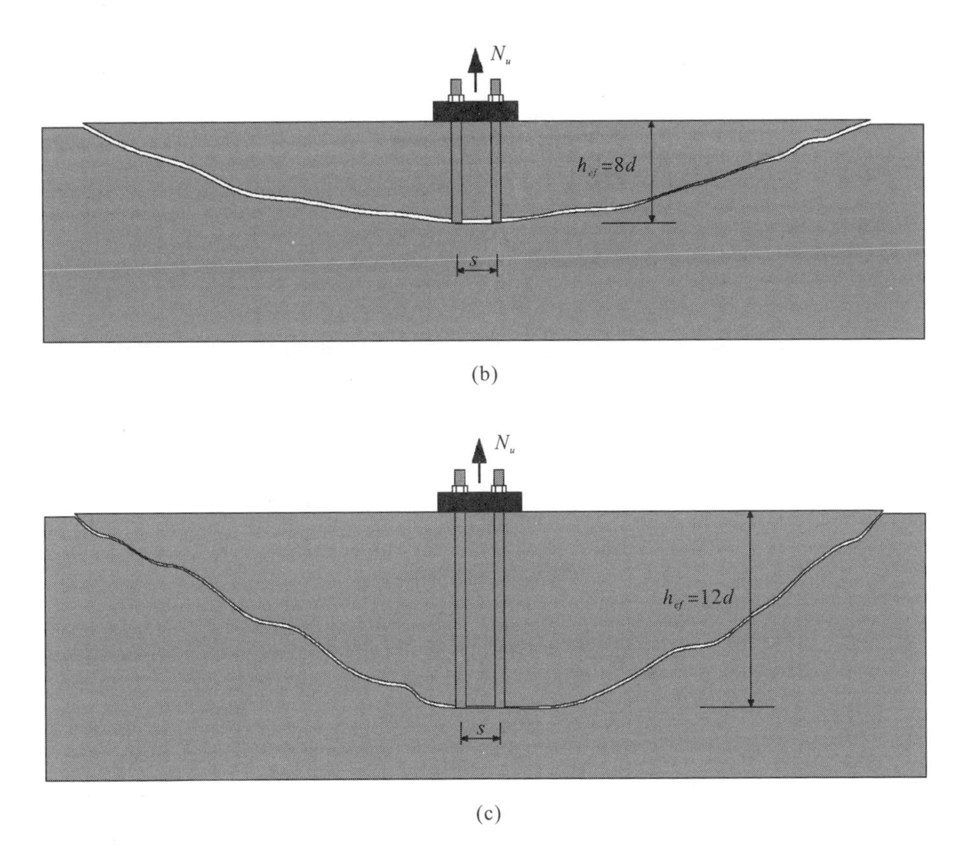

图 4-20　小间距增加锚固深度的锥体破坏模式

如图 4-21 所示，当固定锚栓间距 s 为 h_{ef} 时，增加锚栓埋深 h_{ef}（即同时增加了埋深和锚栓间距 s），发生的破坏模式从浅埋时的锥体破坏发展为单根锚栓附近的锥体破坏，此时的破坏锥体大小与单锚栓时的破坏大小类似。

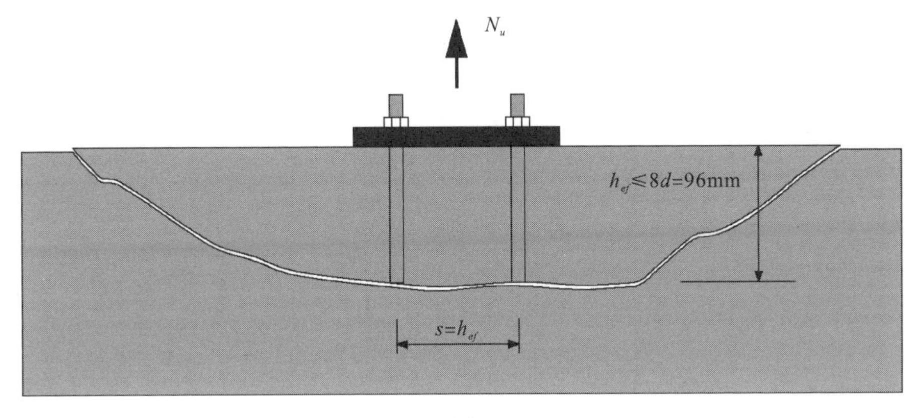

(a)

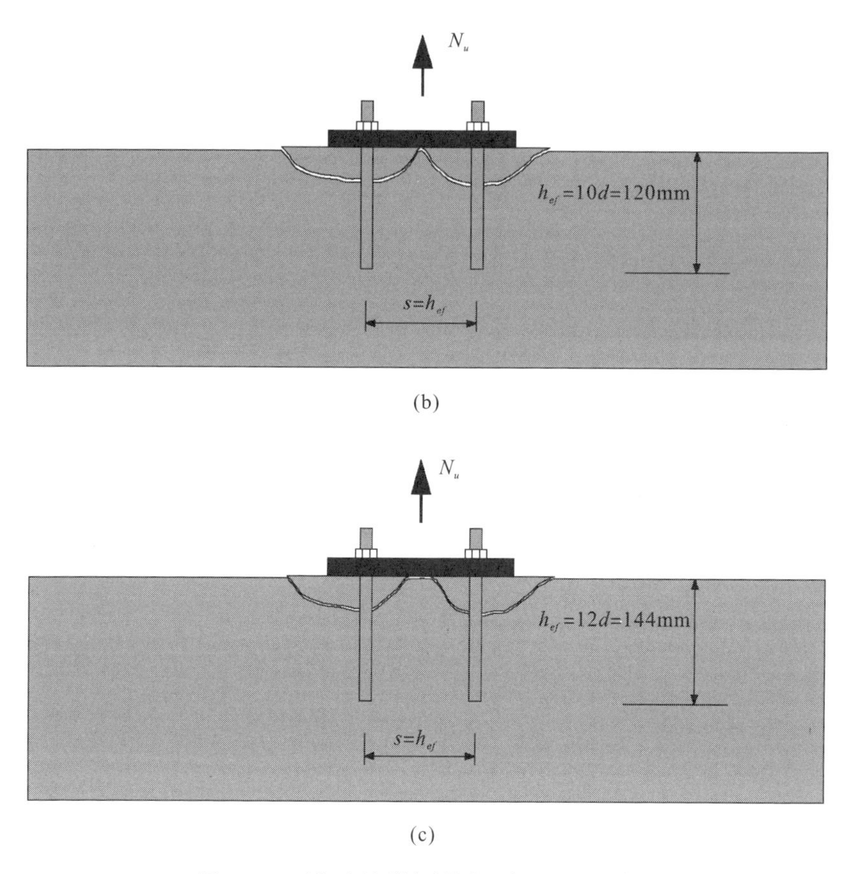

图 4-21 以恒定比增加锚固深度（s= h_{ef} 不变）

如图 4-22 所示，当固定群锚的埋深而变化锚栓间距 s 时，即相当于扩大锚栓间距，此时发生的破坏模式从浅埋时的锥体破坏发展为单根锚栓附近的锥体破坏，与图 4-21 同，且破坏锥体大小与单锚栓时的破坏大小类似。

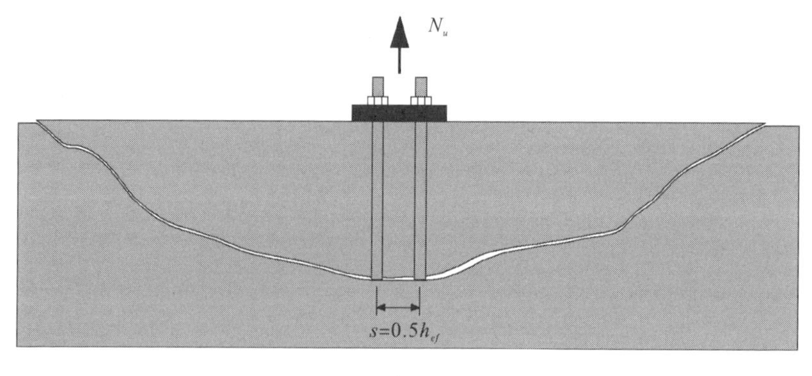

(a)

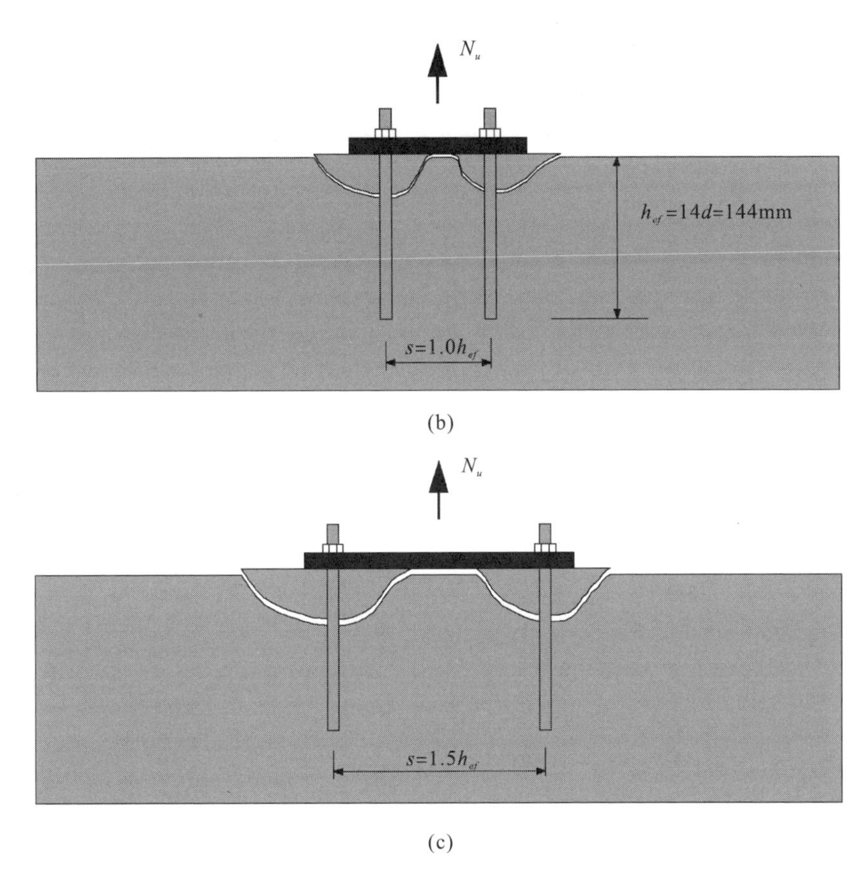

图 4-22　锚固深度不变，锚栓间距增大

表 4-9 为数值分析工况在不同锚栓直径、不同埋深与直径比、不同锚栓间距条件下群锚的破坏模式。从表中可以看出：在锚栓埋深和锚栓间距较小的条件下群锚易发生锥体破坏；当锚栓埋深和和锚栓间距增加后群锚中的单锚发生浅锥体+下部黏结破坏的复合破坏模式；当埋深和锚栓间距极大时，群锚中的单锚易发生较为完整的黏结破坏(锥体高度极小)。

表 4-9　群锚条件下各数值分析工况结果

锚栓直径 d/mm	有效埋深 h_{ef}/mm	h_{ef}/d	s/h_{ef}	s/d	破坏荷载 /kN	群锚的破坏模式
48	384	8	1.0	8	4×365	CCB
	576	12	1/3	4	4×297	CC
			2/3	8	4×389	CCB
			1.0	12	4×435	B
			1.5	18	4×552	B
	720	15	1.0	15	4×780	B

续表

锚栓直径 d/mm	有效埋深 h_{ef}/mm	h_{ef}/d	s/h_{ef}	s/d	破坏荷载 /kN	群锚的破坏模式
72	288	4	1	4	4×330	CC
			1.5	6	4×486	CC
			2	8	4×520	CC
			2.5	10	4×692	CCB
	576	8	0.5	4	4×584	CC
			1	8	4×729	CC
			1.5	12	4×826	CC
			2	16	4×902	B
			2.5	20	4×921	B
	864	12	1/3	4	4×633	CCB
			2/3	8	4×812	CCB
			1	12	4×950	CCB
			1.5	18	4×1125	B
	1152	16	1/4	4	4×760	CCB
			0.5	8	4×1100	CCB
			3/4	12	4×1346	CCB
			1	16	4×1550	B
	1440	20	0.2	4	4×860	CCB
			0.4	8	4×1320	CCB
			0.6	12	4×1664	B
			1	20	4×1880	B
90	810	9	2/3	6	4×2980	CC
			1	9	4×3454	CCB
			4/3	12	4×3819	B
			1.5	13.5	4×4200	B
			5/3	15	4×4860	B

注：CC 为混凝土锥体破坏；CCB 为复合破坏；B 为较完整黏结破坏。

4.3.2 各参数之间的影响关系

基于 ACI 318 和 CCD 群锚设计方法的理论基础可知，对评价后植大直径锚栓群锚承载能力和设计方法影响较大的是群锚中临界锚栓间距 s_{cr} 的取值问题。因此，对于数值分析的结果，本节主要讨论影响 s_{cr} 的因素及其相互关系。

4.3.2.1 锚固深度 h_{ef} 对 s_{cr} 的影响

如图 4-23 所示，(a)为锚栓直径为 72mm 时，不同埋置深度条件下群锚承载能力与其中单锚承载能力比值($N_{u,群锚} / N_{u,单锚}$)和 s 之间的关系(其他直径有类似的规律)，(b)为锚栓直径为 48、72、90mm 时，埋深一定条件下群锚承载能力与其中单锚承载能力比值和 s 之间的关系。从图中可以看出，锚栓埋深对 $N_{u,群锚} / N_{u,单锚}$ 与 s 之间关系的影响是微弱的。当改变锚栓直径后(图 4-23(b))，直径为 90 和 72mm 锚栓的影响较小，而 48mm 的锚栓影响较为明显。

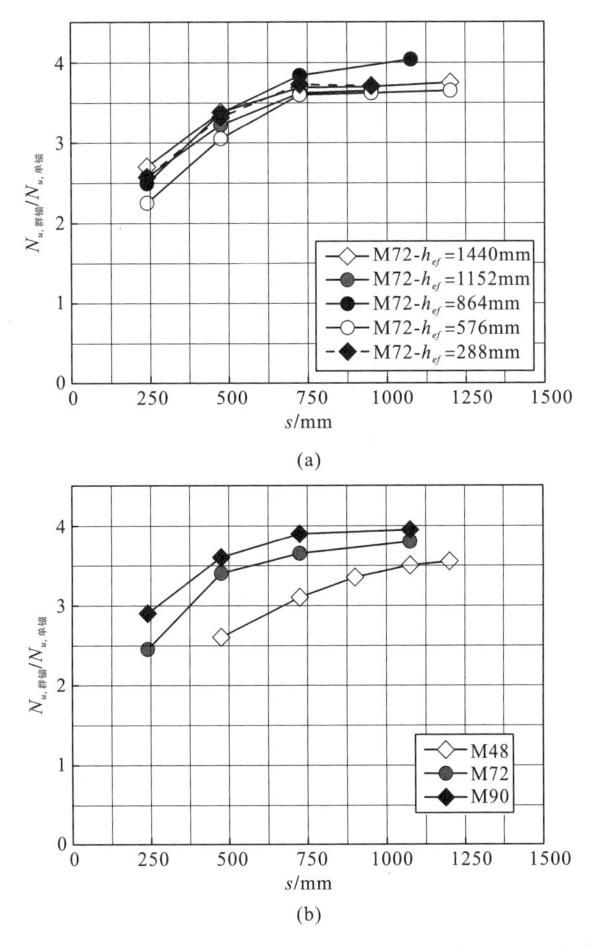

图 4-23 锚栓不同埋深/不同间距时群锚的承载能力变化趋势

4.3.2.2 锚栓直径 d 对 s_{cr} 的影响

如图 4-24 所示，当改变锚栓直径后 $N_{u,群锚} / N_{u,单锚}$ 与 s 之间关系发生较大的变化，主要是锚栓直径增大后锚栓间距 s 对 $N_{u,群锚} / N_{u,单锚}$ 的影响开始减弱(埋深达到复合破坏模式条件)。当采用 $N_{u,群锚}/N_{u,单锚}$ 与 s/d 关系后它们之间的关系能得到较好的归一化结果(图 4-24(b))。

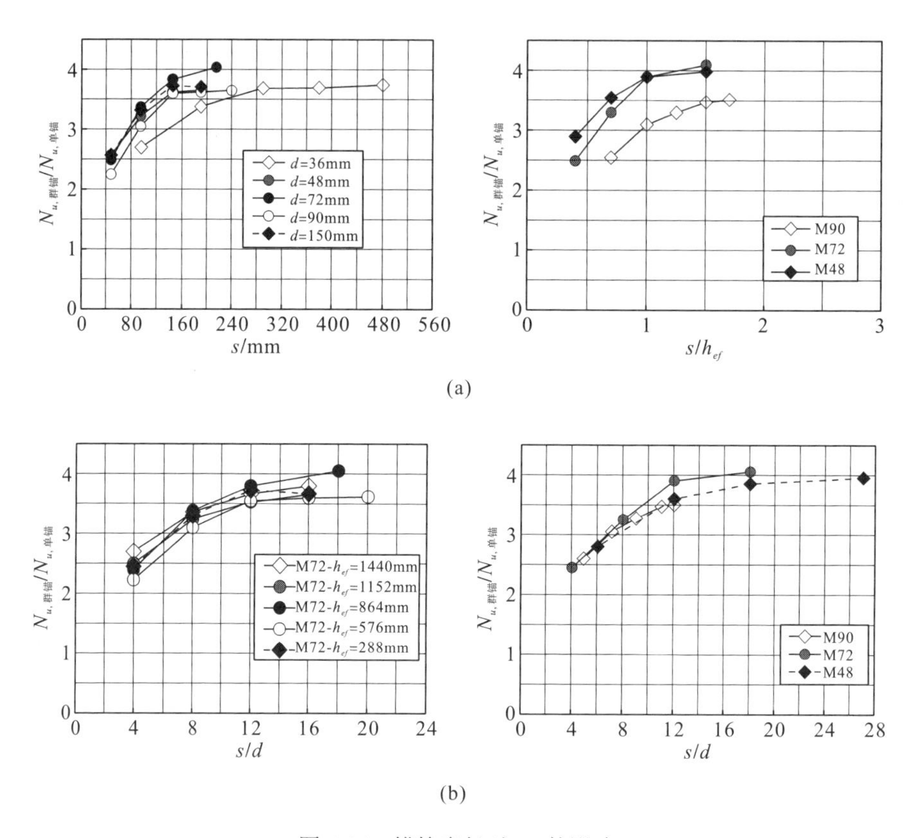

图 4-24 锚栓直径对 s_{cr} 的影响

如图 4-25 所示，为 Lehr 等[76]采用直径为 8、12、20mm 锚栓进行试验的结果的统计情况，对比前人小直径锚栓的群锚试验结果和本章依靠数值分析得到的结果可以发现，图 4-24 和图 4-25 数据具有相似的变化规律。

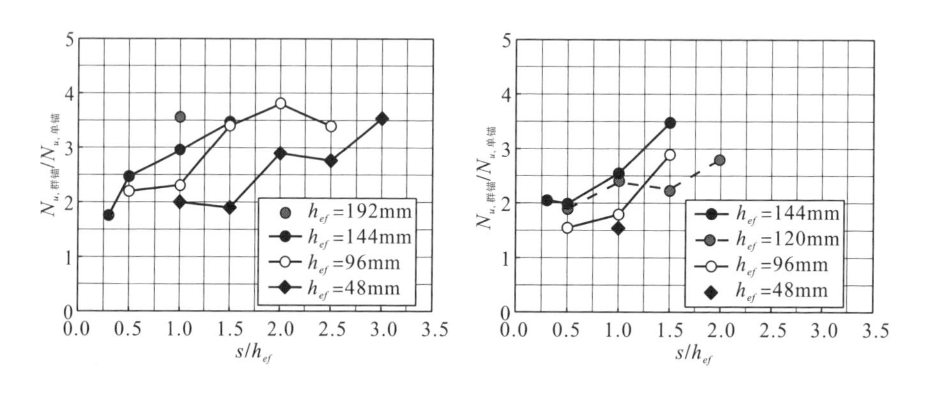

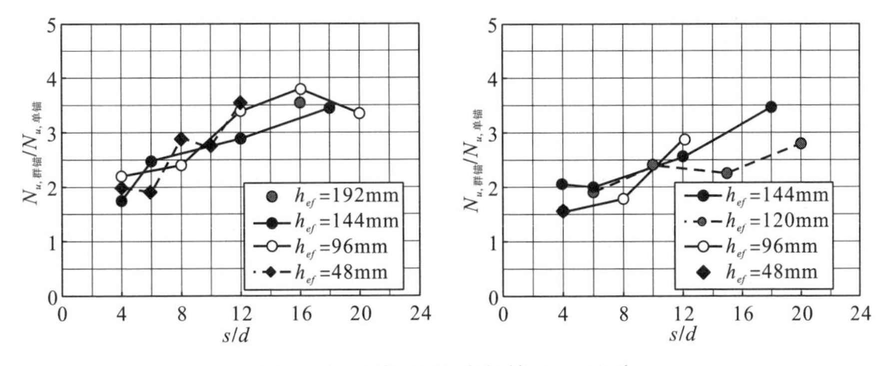

图 4-25　锚栓埋深-直径等对 s_{cr} 影响

因为采用 $N_{u,群锚}/N_{u,单锚}$ 与 s/d 关系后能得到较好的归一化结果(图 4-24(b)),进而从承载能力方面考察 s/d 对群锚中单锚的极限承载能力的影响,如图 4-26(a)所示。从图中可以看出:当锚栓直径一定时,随埋深的增加承载能力得到了提高;随 s/d 增加单锚的承载能力也有增加的趋势,但当 s/d 超过 16 后增加的趋势趋于稳定。当改变锚栓直径,同时固定锚栓的埋深后,单锚的承载能力随 s/d 增加也是增加的趋势,但直径越大其增长率越高;当 s/d 超过 18 后增长趋于稳定。

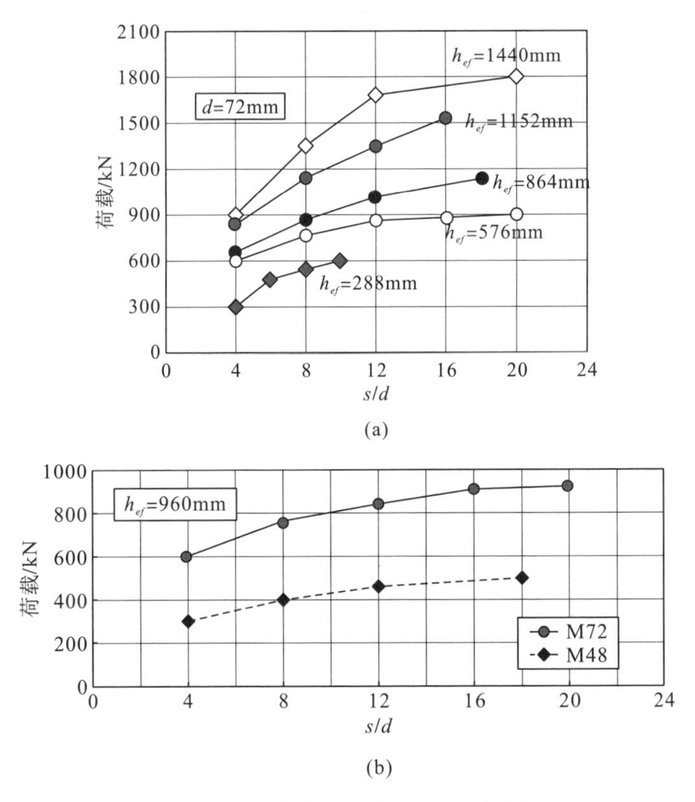

图 4-26　群锚中单锚的承载能力与 s/d 的关系

4.3.2.3 平均黏结强度τ对s_{cr}的影响

通过对锚栓直径为48、72、90mm锚栓在固定锚固深度条件下变化锚栓间距s的分析，可以考察平均黏结强度对临界锚栓距离s_{cr}的影响。如图4-27所示，为锚栓直径为90mm时，平均黏结强度对s的影响情况。从图中可以看出：黏结强度增大后在一定范围内对群锚的承载能力影响较小，当锚栓距离增大到一定值后不同黏结强度具有统一的趋势(即s接近于临界值)。由此可知，对于黏结性能较差(黏结强度较小)的产品其对群锚的临界锚栓距离s_{cr}有较大的影响，而对于黏结性能好的材料，其对临界锚栓距离s_{cr}的影响较小。

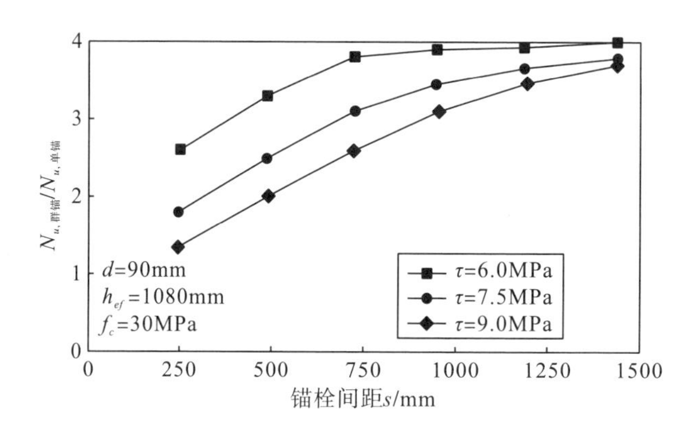

图4-27 平均黏结强度的影响

4.3.2.4 混凝土强度f_c对s_{cr}的影响

混凝土强度对临界锚栓距离s_{cr}的影响的数值分析结果如图4-28所示。从分析结果看虽然其对黏结距离有一定的影响，但规律不是特别清晰，且在进行单锚栓的承载能力计算时已经充分地考虑了混凝土强度对承载能力的影响，所以在进行群锚栓的设计时将其作为一个次要因素考虑。

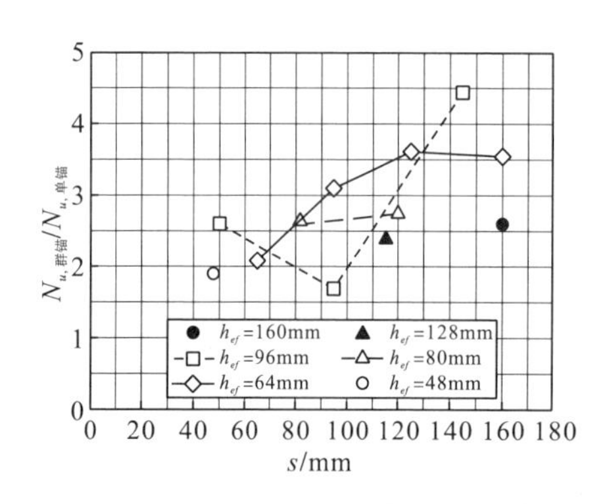

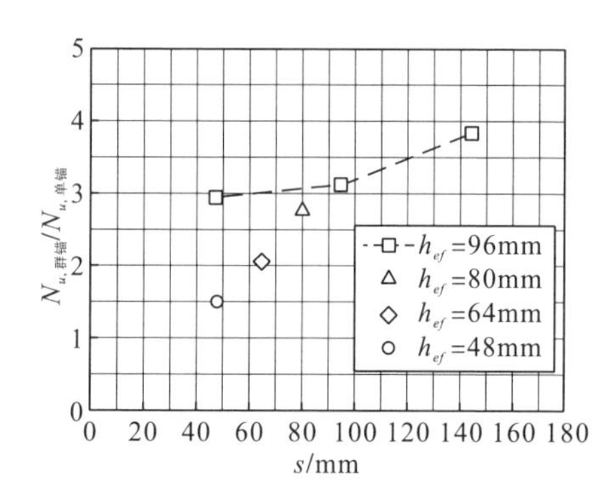

图4-28 混凝土强度的试验对比情况

4.3.3　临界距离分析

综合数值分析及试验工况，采用 CCD 的分析方法对本章研究的大直径后植锚栓的数据进行分析，采用 95%的保障率后可回归得到群锚临界距离 s_{cr} 与 s/d 的关系，可总结为如图 4-29 所示的线性规律。

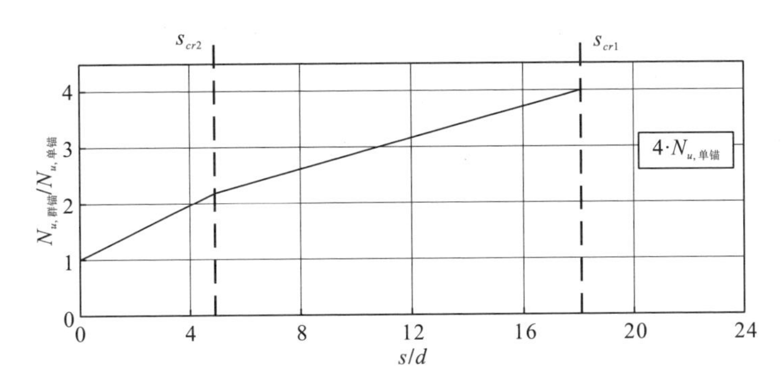

图 4-29　归一化后的 s_{cr} 与 s/d 关系

4.4　本 章 小 结

本章首先论述了数值模型的理论原理，并进行了数值模型的物理和几何设计。在相同参数条件的数值模型计算结果和其对应试验试样计算结果的基础上，解决了数值模型的可靠性问题。基于此，利用建立的数值方法，考虑了多种试验方法不能或不便于实现的工况，对锚栓系统的传力机理和群锚栓的设计参数等进行了计算。得到如下结论：

(1) 将实测数据与提出的数值模型进行了对比分析，表明其结果基本一致，验证了所采用数值模型的合理性。设计的数值模型能较好地反映试验中的承载能力情况，即：针对试验工况建立的对应模型极限承载能力计算结果和试验结果具有很好的一致性，但数值模型的位移普遍较试验试样小。

(2) 分析了黏结强度随锚栓直径增大而衰减的力学机理，数值分析结果表明：锚栓直径增大(钻孔直径增大，胶层增厚)在相同直径条件下，黏结强度不随 h_{ef} 的增加而变化，趋于恒定；而黏结强度随锚栓直径变化的主要原因是开孔变大后，在锚栓系统接近极限荷载时，钻孔周围混凝土的减胀效应会减弱，引起了钻孔径向压应力的减小，导致其对黏结强度三要素(黏结效应、机械锁键效应、摩擦效应)中后两个因素的减弱，从而表现为黏结强度的总体减小。

(3)分析了黏结强度的数值模型分布规律及影响黏结强度的因素，验证了试验中测试结果在较小荷载时的分布规律。结果表明：影响黏结强度较大的因素除黏结剂材料本身和锚固施工工艺等因素外，最主要的影响因素是锚栓的直径，混凝土强度的增大对黏结强度的影响不大，这与前人的研究结果有所区别。

(4)基于数值分析的群锚承载力影响因素，对可能影响关键参数(锚栓间距 s)的变量进行了讨论，对比了分别采用 s/h_{ef} 和 s/d 的方法，发现采用 s/d 的方法更易于对群锚中关键参数(s)进行描述。最后基于数值分析结果和前人研究基础总结了临界距离 s_{cr} 的线性规律。

第5章　后植大直径锚栓的设计方法与应用研究

在结构设计中往往希望结构的破坏是塑性的，这有利于提高结构的安全储备。在后植大直径锚栓的情况下，其锚固系统破坏的脆性特征，要求采用更高的安全系数来控制结构的安全性，所以，能精确地计算锚固系统的极限承载能力变得十分重要。后植锚栓设计内容主要包含单锚设计、边缘抗剪设计和群锚的设计等，其中单锚的锚固性能是其他受力状态设计的基础。基于此，本章以试验研究为基础，并通过非线性数值分析将试验不能完成的工况外推，对大直径后植锚栓的破坏模式、极限承载能力、黏结剪应力分布等锚固性能问题进行分析，明确其锚固受力机理。在深入分析和讨论前人研究资料和设计方法的适用性特点基础上，提出适用于估算大直径锚栓承载能力的设计计算方法。

5.1　后植大直径单锚栓的设计方法

5.1.1　基于试验和非线性数值分析数据基础的已有主要计算方法分析

5.1.1.1　已有主要设计计算方法

1. 弹性计算方法

弹性方法是 Doerr[32]等基于胶层中的黏结应力在胶层厚度方向不变的假设，采用能量法取锚栓微段进行弹性分析得到的承载能力计算公式：

$$N_u = \frac{\pi d^{1.5}\tau_{\max}}{\lambda'}\tanh\left(\frac{\lambda' h_{ef}}{\sqrt{d}}\right) \tag{5-1}$$

其中，$\tau_{\max}$ 和 λ' 是与锚固胶和钻孔尺寸有关的参数，需要从材料试验数据中获取。

2. CCD 计算方法

CCD 方法是 Fuchs 等[40]针对预埋锚栓和机械式后植锚栓，而基于混凝土锥体破坏模式试验现象提出的，主要用来描述预埋锚栓和机械式锚栓在轴向拉拔荷载作用下锥体破坏模式时的极限承载能力，该方法已经被 ACI 318 采用。其极限承载能力在非开裂混凝土中的表达式为[22]：

$$N_u = k_c h_{ef}^{1.5}\sqrt{f_c} \tag{5-2}$$

机械锚栓时，k_c =13.5；预埋锚栓时，k_c =15.5。

3. 复合破坏模型计算方法

复合破坏模型方法是日本混凝土研究所针对后植钢筋提出的，被推广到化学黏结锚栓[29]，并在20世纪90年代被众多研究者进行了发展[29-31]。针对复合破坏模式，极限承载力由浅锥体破坏和下部黏结破坏叠加得到。破坏锥体的高度由式(5-3)确定；当锚固深度小于式(5-3)确定的值时，认为发生完全锥体破坏，当锚固深度大于式(5-3)确定的值时，极限承载能力由式(5-4)确定。

$$h_c = \frac{\tau \pi d}{1.84\sqrt{f_c}} \tag{5-3}$$

$$N_u = 0.92 h_c^2 \sqrt{f_c} + \pi \tau d (h_{ef} - h_c) \tag{5-4}$$

4. 平均黏结应力计算方法

平均黏结应力方法是Cook等[45]基于黏结应力在极限荷载时趋于均匀分布假设而提出的。极限承载能力计算公式为

$$N_u = \tau \pi d h_{ef} \tag{5-5}$$

Cook等认为胶-混界面和胶-栓界面黏结破坏较难于区分，建议采用锚栓直径d来计算黏结面积。在锚栓安装规范的情况下，其试验样本(锚栓直径为6～22mm)平均黏结应力值τ只与胶体品种有关，并通过直径为8～22mm锚栓的试验资料建立了主要胶体品种平均黏结应力τ的推荐取值。

5.1.1.2 已有主要计算方法的适用性分析

在20世纪后期的十余年时间里，欧美学者和相关产品企业的大量试验表明复合破坏模型计算方法中按公式(5-3)计算的锥体高度与试验现象差别较大，且锥体破坏部分的承载能力(式(5-4)右边第一项)占总承载能力的比例较小(对大直径锚栓小于10%)[77-78]，故而认为采用平均黏结应力公式更为直接方便[45]。

CCD方法是基于锥体破坏模式下试验数据统计的经验方法，不能从破坏机理和力学原理上合理解释复合破坏模式下的承载能力来源组成。

弹性计算方法和平均黏结应力计算方法本质上都是一种基于黏结剪应力分布模式的方法。为对比弹性计算方法和平均黏结应力计算方法，令式(5-1)等于式(5-5)并进行化简，得到：

$$\frac{\tau}{\tau_{\max}} = \frac{\tanh\left(\dfrac{\lambda' h_{ef}}{\sqrt{d}}\right)}{\dfrac{\lambda' h_{ef}}{\sqrt{d}}} \tag{5-6}$$

通过对本章试验试件和前人小直径锚栓(6～24mm)试验数据进行分析[25-54]，$\tau/\tau_{\max}$的比值在0.836～0.977之间呈正态分布，λ'值在0.011～0.020之间呈正态分布。若取$\tau/\tau_{\max}$=0.9，λ'=0.014代入式(5-6)，以$h_{ef}/\sqrt{d}$为未知数进行求解，

得到当 $h_{ef}/\sqrt{d}<50$ 时，弹性模型和平均黏结应力模型有较好的相似结果，如图 5-1 所示。这是因为在 A 点前，一般锚固深度 $h_{ef}<5d$，由锥体破坏模式控制，在极限荷载时的黏结应力分布为确定的单一模式；当锚固深度增大而趋于复合破坏后，锚固段在锥体范围和接近底部区间的黏结应力要显著大于中间均布段，且破坏锥体高度和直径也随锚栓直径增大而增大，它们提供的附加黏结力导致了弹性公式和平均黏结应力公式的失效，且弹性方法未考虑材料非弹性因素(混凝土的剪胀效应)对极限承载能力的影响。

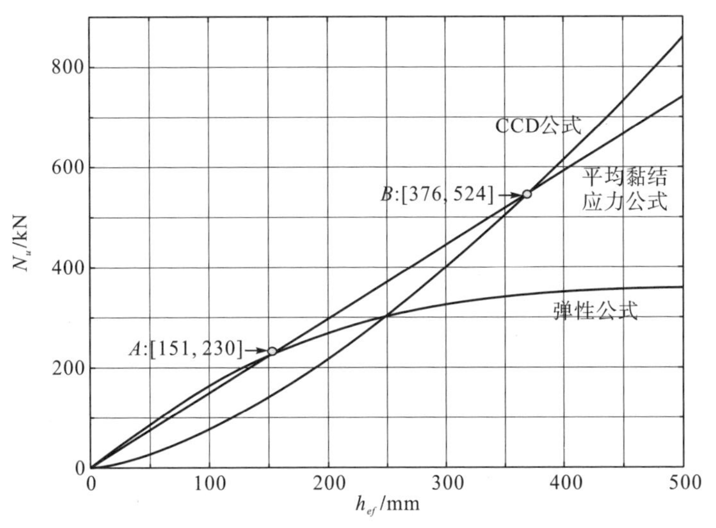

(a) d=36mm, τ=11.8MPa, τ_{max}=14.2MPa, λ'=0.015

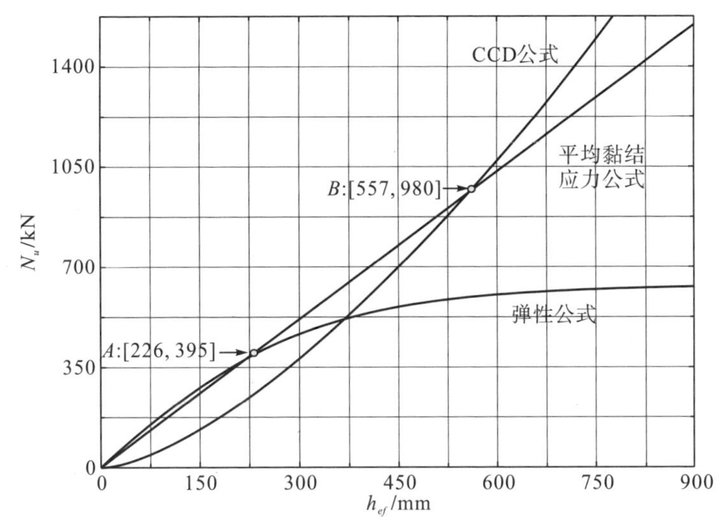

(b) d=48mm, τ=9.7MPa, τ_{max}=12.6MPa, λ'=0.014

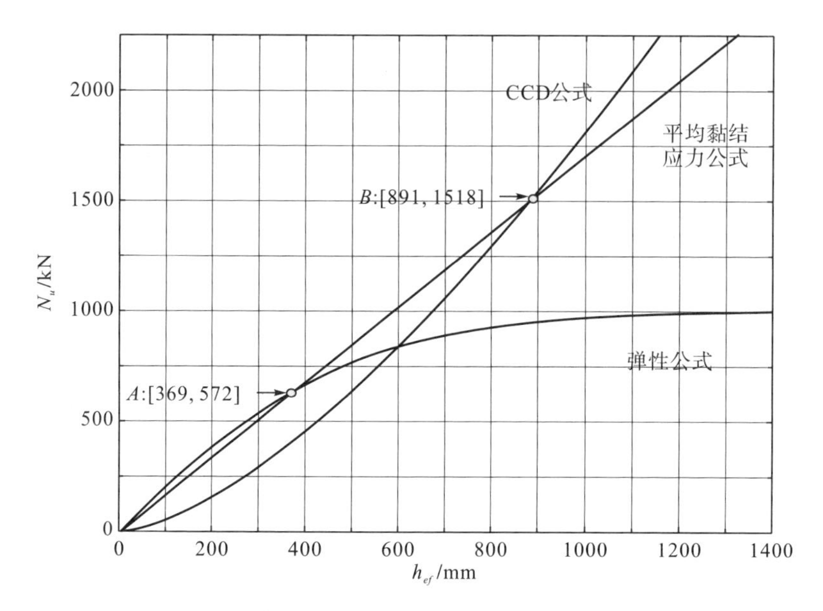

(c) d=72mm, τ=8.7MPa, τ_{max}=10.2MPa, λ'=0.013

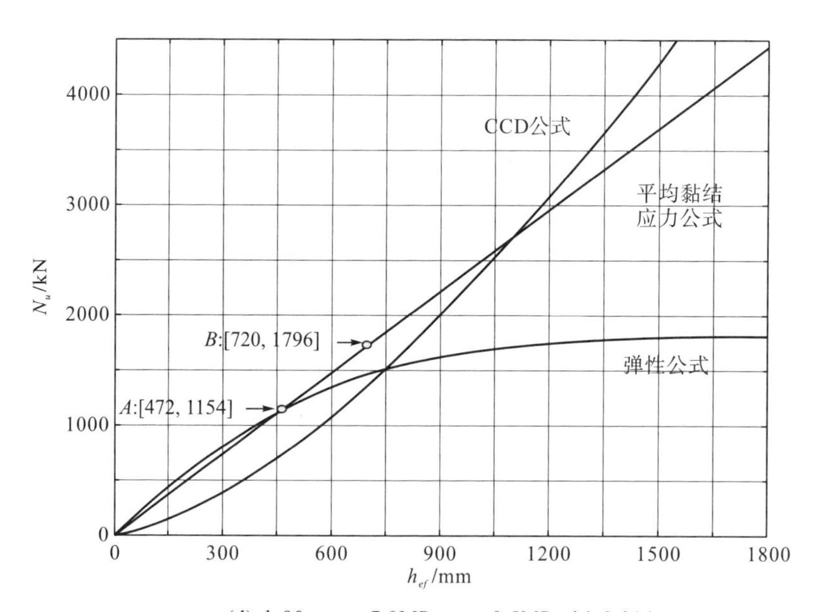

(d) d=90mm, τ=7.9MPa, τ_{max}=9.5MPa, λ'=0.014

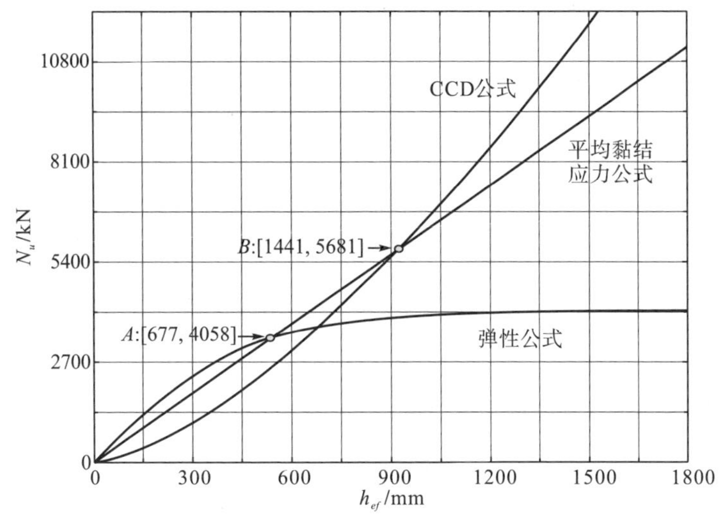

(e) d=150mm, τ=7.2MPa, τ_{max}=8.4MPa, λ'=0.013

图 5-1　几个公式的对比

从图 5-1 还可以知道 CCD 模型在锚固深度 h_{ef} 较小时（B 点之前），计算结果较平均黏结应力方法保守，但随锚固深度 h_{ef} 的增加，CCD 方法逐渐超越平均黏结应力公式，计算结果偏大。这是因为 CCD 方法是建立在小直径锚栓锥体破坏模式试验数据上的（主要试件的直径区间为 8～18mm，变化区间较小），未考虑锚栓直径（式(5-2)并未有反映直径影响的因子）和锚固深度超过 $5d$ 后其对极限承载能力的影响。

5.1.2　复合破坏模式下后植大直径锚栓极限承载能力计算方法

对于大直径锚栓而言，为了获取足够的承载力并减小锚栓间的相互影响，浅埋($5d>h_{ef}$)的锥体破坏模式不宜在工程上应用；以控制锚栓材料破坏的方法要求的锚固深度太大，混凝土基座尺寸常常不能满足要求，且存在施工上的困难[79-81]。因此，复合破坏模式是工程中常遇到的情况，其极限承载能力计算方法有重要的实用价值。综合前文的研究和分析结果，后植大直径锚栓在接近极限荷载时黏结应力在锚栓大部分长度上趋于均匀分布，可按平均黏结应力计算。由于钻孔直径 d_h 随黏结材料品种和施工条件的情况变化较大，不易控制，但采用有机化学黏结剂的情况下胶层一般较薄，胶-栓界面破坏和胶-混界面破坏往往难以准确界定（如第 3 章所述），故使用锚栓直径 d 计算黏结面积不致引起过大的误差，其承载能力 N_u 采用平均黏结应力模型表达在工程上不易引起较大的误差。

然而，当锚栓直径较小，变化区间不大时，公式(5-5)中的 τ 只随黏结胶种类不同而变化，对同一种黏结胶，其平均黏结应力分布区间相对集中，Cook[30]认为可通过产品试验确定一个中值。而大直径锚栓在全锚固段的平均黏结应力随直径增加而减小的趋势非常明显(如第 3 章和第 4 章所述)，需要考虑锚栓直径对黏结应力的尺寸影响因素。因此，可采用修正黏结应力的公式：

$$N_u = \tau_d \pi d h_{ef} \tag{5-7}$$

其中，$\tau_d=\alpha d+\beta$，α 和 β 为与锚栓直径和黏结剂种类有关的系数，不同种类黏结材料的平均黏结应力随锚栓直径(钻孔直径)变化的规律，可根据不同黏结胶产品依照相应的试验标准建立。

5.1.3 环氧砂浆黏结锚栓的单锚栓承载能力设计方法

5.1.3.1 已有计算模型分析

大直径砂浆后锚固锚栓的传力性能应与预埋锚栓和化学锚栓类似，目前主要的描述模型有如下三种。

1. 混合破坏模式模型

Cones[43]和 James 等[44]针对带扩大头锚栓锥体+混凝土-锚固砂浆界面复合破坏模式(图 5-2)，提出了相应的承载能力计算方法。其极限承载力描述公式为

$$N_u = f_t A_1 + u A_2 + f_g A_3 \tag{5-8}$$

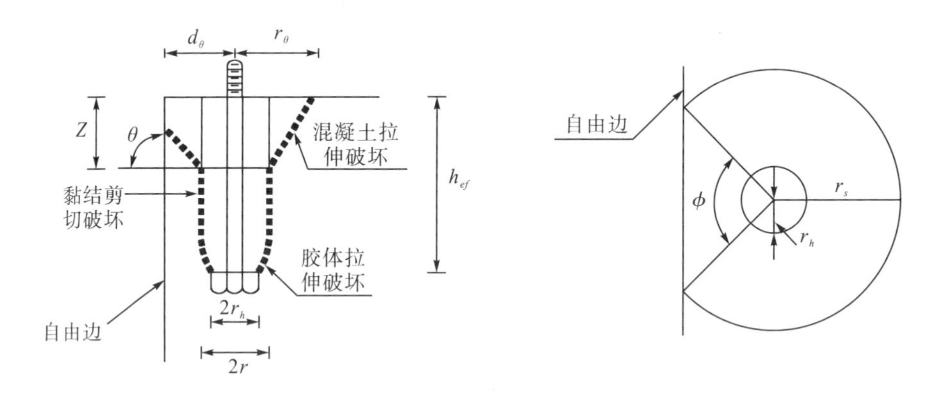

图 5-2 混合破坏计算模型

其中，$A_1 = \pi(r_s^2 - r^2)$，为锥体在平面内的投影面积；$A_2 = 2\pi r[h_{ef} - (r_s - r)\tan\theta] \geqslant 0$，为混凝土锚固砂浆黏结破坏段表面积；$A_3 = \pi(r^2 - r_h^2) \geqslant 0$，为锚固砂浆环与钻孔底部的接触面积；$f_t$ 为混凝土抗拉强度；f_g 为砂浆料的抗拉强度；u 为混凝土锚固砂浆界面黏结强度(平均剪应力)。图中，θ 为锥体斜面与水平面的夹角，取 45°；

r_s 为锥体在混凝土表面的半径；h_{ef} 为锚栓锚固深度；r 为锚栓的半径。

混凝土锥体高度描述公式为

$$Z = \frac{1}{2}(u / f_t - 1 / \tan\theta) d_h \tan^2\theta \tag{5-9}$$

锥体深度控制公式表明：其依赖于混凝土抗拉强度和钻孔直径。当θ取 45° 时，u / f_t 取值在 3～5 之间，则锥体高度在 1～2 倍钻孔直径范围。此外，以上公式的基本假设是锥体破坏仅仅考虑混凝土的拉伸强度，混凝土的剪胀效应和抗剪强度均未考虑。且试验证实，混凝土与砂浆界面的黏结会随混凝土的开裂而丧失[82-85]。

2. CCD 方法

由于砂浆锚固与有机胶锚栓具有类似的传力机理和破坏模式，用于描述有机胶锚栓的模型可以用来讨论无机料砂浆锚栓的承载能力。CCD 方法是基于各种混凝土锥体破坏模式下的试验发展而来的，锥体是从锚栓埋深底端向混凝土表面发展而来的，这种方法已经被 ACI 318 附录 D 采用。

CCD 方法是 Fuchs 等[40]于 1995 年提出的，主要用来描述预埋锚栓和机械式后锚固锚栓在轴向拉拔荷载作用下的极限承载能力，在非开裂混凝土中的表达式为

$$N_u = k_c h_{ef}^{1.5} \sqrt{f_c} \tag{5-10}$$

k_c =13.5 时，后植机械锚栓；k_c =15.5 时，预埋锚栓；k_c =16.7 时，预埋带扩大头的锚栓（小直径环氧砂浆锚栓常采用带扩大头的形式）。

3. 平均黏结强度方法

平均黏结强度方法是 Cook 等[45]基于化学黏结锚栓在趋于极限荷载时沿锚栓长度方向上的黏结应力趋于均匀分布而提出的。在用于描述环氧砂浆黏结锚栓时，采用的基本形式是

$$N_\tau = \tau \pi d h_{ef} \tag{5-11}$$

$$N_{\tau_0} = \tau_0 \pi d_h h_{ef} \tag{5-12}$$

有机化学黏结胶层一般较薄，使用锚栓直径 d 计算黏结面积不致引起过大的误差，但在无机砂浆黏结锚栓锚固中钻孔直径一般大于 50%的锚栓直径，不区分 d_h 和 d 的做法是行不通的，故而 Cook 等推荐：当发生锚栓-砂浆界面破坏时采用式（5-11），当发生砂浆-混凝土界面破坏时采用式（5-12）。

5.1.3.2　环氧砂浆锚固大直径锚栓单锚栓推荐计算方法

本章环氧砂浆黏结锚栓试样的试验结果表明：

（1）砂浆锚固大直径锚栓在静力轴向荷载作用下，在约 60%极限荷载 P_u 以内时，荷载-滑移曲线基本呈线性，之后随着荷载增加，锚栓滑移量快速增加。与混凝土锥体破坏模式的脆性破坏曲线[86]相比，具有相对明显的延性破坏特征。

（2）破坏模式：与小直径锚栓不同的是大直径锚栓的破坏模式不受其端部是否

带扩大头的构造影响，而是受控于黏结剂种类和锚栓钻孔直径。这决定了大直径砂浆锚固锚栓的破坏锚栓可以统一为浅锥体+砂浆-混凝土界面黏结破坏的模式。

(3) 承载能力：砂浆锚固大直径锚栓的承载能力可由平均黏结应力公式描述。与小直径锚栓不同的是直径增大对总的黏结应力有尺寸效应，即：平均黏结应力随锚栓直径的增大而大致呈线性关系下降。这种下降关系不受黏结材料种类的影响，只与锚栓的钻孔直径有关。

同时，沿锚固深度内的锚栓-砂浆界面黏结应力趋于均匀分布，由于对大直径锚栓而言，砂浆锚固剂的厚度相对于锚栓直径是较小的，进而推测砂浆-混凝土界面的黏结应力类似于锚栓-砂浆界面的分布特征。同时，锚栓直径和钻孔直径的增大导致砂浆-混凝土界面黏结应力的下降是明显的，进而导致其破坏模式统一于锚栓-砂浆界面黏结破坏，对于大直径砂浆锚栓安装扩大头意义不大。对于锚固深度较大、远离边界的单根砂浆锚栓，抗拔能力计算公式可采用平均黏结应力的方法，同时考虑锚栓直径变化的尺寸效应对黏结应力大小的影响。因此，统一带扩大头和不带扩大头的带有螺纹锚栓的计算公式可以采用由钻孔直径控制的公式：

$$N_{\tau_0} = k_0 \tau_0 \pi d_h h_{ef} \tag{5-13}$$

其中，$k_0=\alpha d+\beta$，且 $k_0 \leqslant 1$，α 和 β 为与锚栓直径和黏结剂种类有关的系数。在应用上述公式的时候注意必须依照相应的试验标准，总结不同种类黏结材料的平均黏结应力随锚栓直径(钻孔直径)变化的规律。

5.2 后植大直径群锚的力学模型及设计方法

群锚的基础是单锚栓的承载能力，影响群锚和单锚承载能力的主要问题是群锚中的单个锚栓之间的距离变化引起的锚基混凝土内应力状态的叠加，导致的单个锚栓承载能力的下降。后植化学锚栓群锚问题的研究基础是 CCD(与 ACI 318 方法同)方法中使用的临界距离和面积的叠加方法。ACI 318 中投影面积计算方法示意图如图 5-3 所示，针对后植机械式群锚中的单锚基本承载能力计算公式如下：

$$\bar{N}_{cb} = \frac{A_{Nc}}{A_{Nco}} \psi_{ed,N} N_u \tag{5-14}$$

$$\psi_{ed,N} = 0.7 + 0.3 \frac{c}{c_{cr,N}} \tag{5-15}$$

式中，$\bar{N}_{cb}$ 为群锚中单锚的平均承载能力；$N_u = k_c h_{ef}^{1.5} \sqrt{f_c}$，为单锚的极限承载能力；$A_{Nc}$ 为单根锚栓或群锚受拉混凝土实际锥体破坏投影面面积；$A_{Nco} = s_{cr,N}^2$，为远离边界和其他锚栓的独立单锚投影面积；$s_{cr,N}$ 为混凝土理想锥体受拉破坏的锚栓临界间距；$c_{cr,N}$ 为混凝土理想锥体受拉破坏的锚栓临界边距；c 为锚栓与混凝土基材边缘的距离；$\psi_{ed,N}$ 为基于 95%保障率的修正系数。

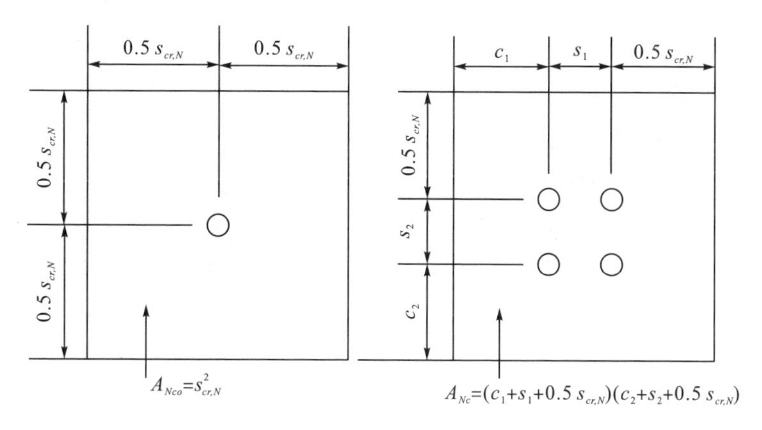

图 5-3　投影面积计算方法示意图(ACI 318)

后植大直径锚栓的群锚设计方法以 CCD 中群锚的设计思想为基础，其群锚条件下的单锚承载能力可在式(5-14)的基础上进行修正，其中需要修正的系数主要有 $\psi_{ed,N}$、$s_{cr,N}$ 等参数。从而提出的大直径锚固单锚的承载能力公式为

$$N_u = \tau \pi d h_{ef} \tag{5-16}$$

对临界距离 $s_{cr,N}$ 有影响的参数有：平均黏结应力 τ，锚栓直径 d，锚栓埋深 h_{ef}。通过群锚有限元分析，锚栓埋深 h_{ef} 对临界距离 $s_{cr,N}$ 的影响是可以忽略的，这与 Li 等[64]的研究结论一致。

如图 5-4 所示，唯一变化的是锚栓的埋深和间距(其他条件如锚栓直径、混凝土强度、黏结强度均不变)。这也可以通过混凝土中的径向压应力云图范围的变化来解释，如图 5-5(彩图见附录)所示。

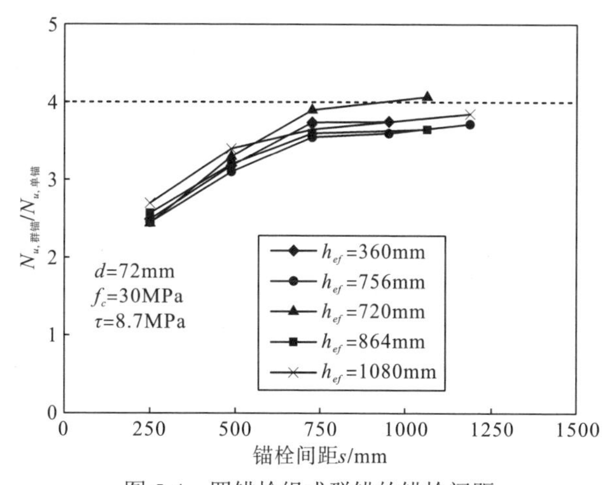

图 5-4　四锚栓组成群锚的锚栓间距

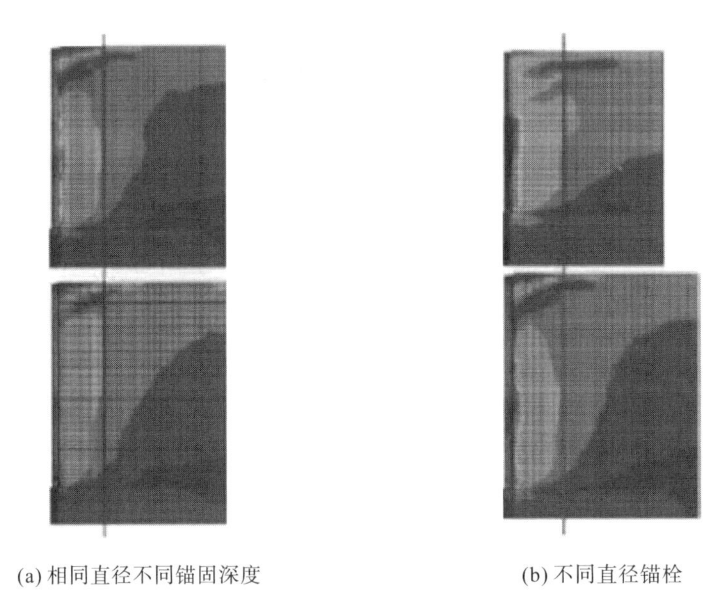

(a) 相同直径不同锚固深度　　(b) 不同直径锚栓

图 5-5　极限荷载时混凝土中轴向压应力区分布图

而 $s_{cr,N}$ 主要与锚栓的直径有关，如图 5-6 所示。

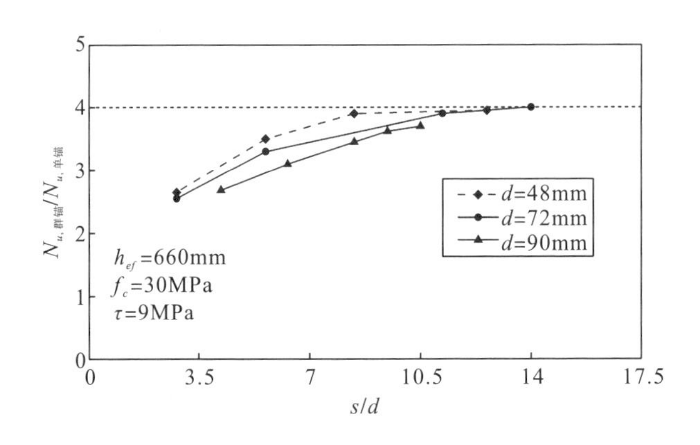

图 5-6　四锚栓群锚时 s/d 与承载力关系

同时单锚承载能力与平均黏结强度 τ 也是密切相关的。如图 5-7 所示，锚栓直径 d 和埋深 h_{ef} 固定，而平均黏结强度 τ 变化，如果黏结强度太大，而锚栓间距太小，黏结强度得不到完全的发挥，而产生混凝土锥体破坏。通过变化锚栓直径 d 、埋深 h_{ef}、混凝土强度 f_c 和黏结强度 τ 等参数的数字分析研究，在其他三个参数（d 、h_{ef} 、τ）不变的情况下，变化临界距离 $s_{cr,N}$ 。黏结强度越大，则临界距离越小。

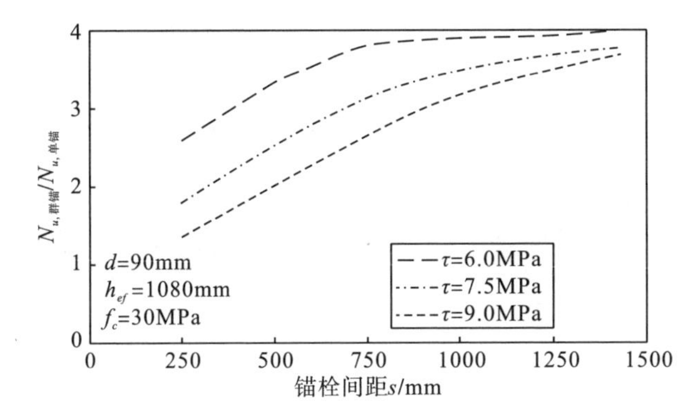

图 5-7　群锚中黏结强度对锚栓间距的影响

通过对不同变化参数系列的数字分析结果进行回归分析，建立 s/d 与 $N_{u,群锚}/N_{u,单锚}$ 的指数关系，如图 5-8 所示。

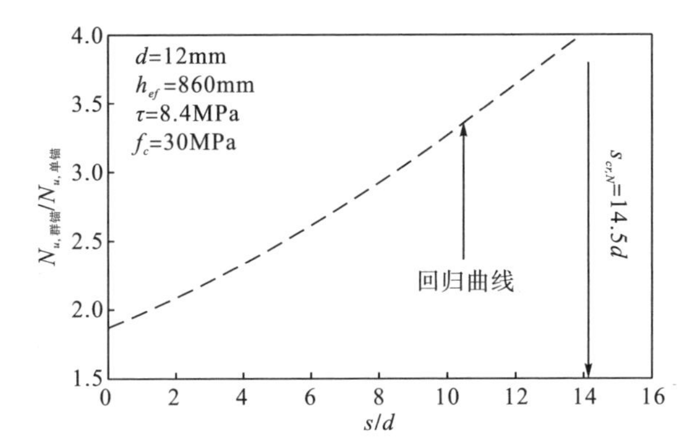

图 5-8　锚栓直径为 12mm 时的 s/d 与 $N_{u,群锚}/N_{u,单锚}$关系

$s_{cr,N}$ 与 $c_{cr,N}$ 的关系如式(5-17)所示：

$$s_{cr,N} = 2c_{cr,N} = 14.7d\left(\frac{\tau}{10}\right) \tag{5-17}$$

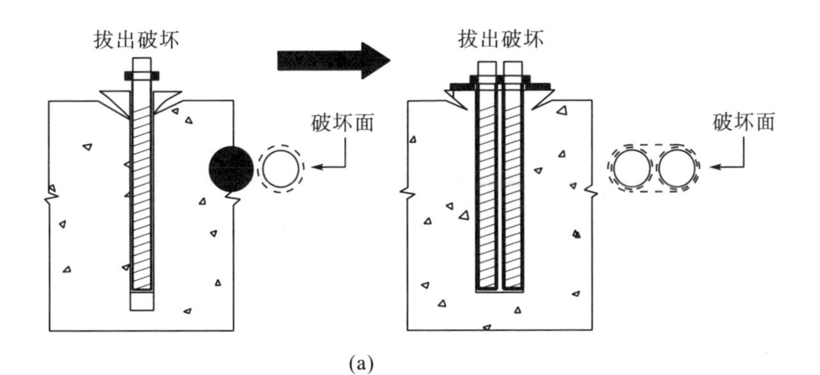

(a)

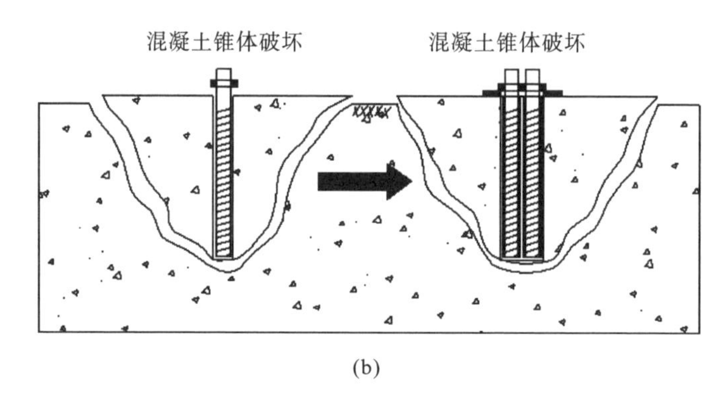

(b)

图 5-9　紧靠多锚黏结面积增大示意图

对于后植黏结式锚栓可以将群锚视作单锚靠得无限近的情况，Eligehausen 等[37]引入$\psi_{ed,N}$因子进行修正，其原理如图 5-9 所示。当将群锚的距离 s 缩短为 0 时，相比于单锚栓情况，其极限承载能力要比单锚栓大很多，在群锚数量为 2 根时，其黏结面积约为单锚黏结面积的$\sqrt{2}$倍，多根锚栓时为单锚的$\sqrt{n}$倍，即：$\psi_{g,No}=\sqrt{n}$，当只发生锥体破坏时$\psi_{g,No}=1$。因此$\psi_{g,No}$是与破坏模式有关的一个参数，并定义如下：

$$\psi_{g,No}=\sqrt{n}-\left(\sqrt{n}-1\right)\left(\frac{\tau}{\tau_{\max}}\right)^{1.5}\geqslant 1.0 \tag{5-18}$$

考虑到上式的边界条件，当 s=0 时，$\psi_{g,N}=\psi_{g,No}$；当$s=s_{cr}$时，$\psi_{g,N}=1$，按线性关系考虑，可得最终修正系数$\psi_{g,N}$如下所示：

$$\psi_{g,N}=\psi_{g,No}-\frac{s}{s_{cr}}\left(\psi_{g,No}-1\right) \tag{5-19}$$

破坏模式与参数的趋势关系如图 5-10 所示。

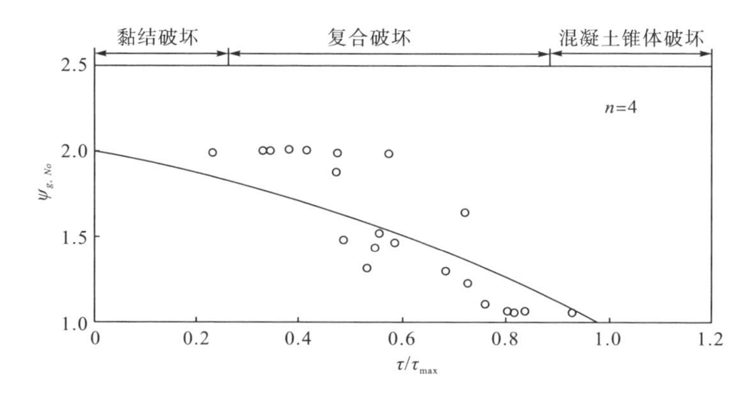

图 5-10　破坏模式与参数的趋势关系

因此，后植大直径群锚中单锚的承载能力计算方法可以采用对 ACI 318 修正后的如下形式：

$$\bar{N}_u = \frac{A_{Nc}}{A_{Nco}} \psi_{ed,N} \psi_{g,N} N_u \tag{5-20}$$

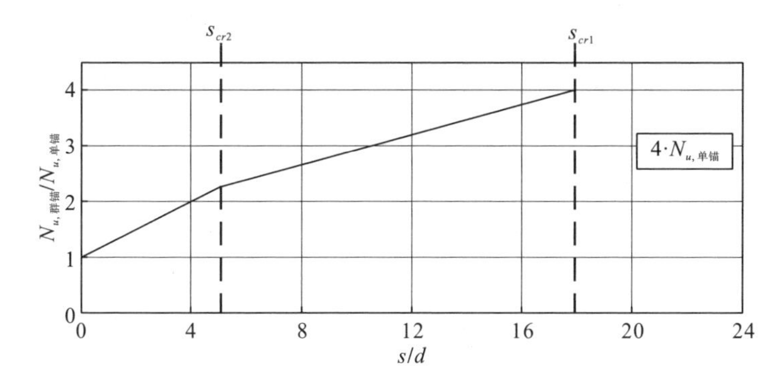

图 5-11　临界距离关系的拟合结果

如图 5-11 所示，基于数值分析和试验结果拟合的临界距离表达式为

$$s_{cr} = 2c_{cr} = 18d\left(\frac{\tau}{10}\right)^{0.5} \tag{5-21}$$

式中，s_{cr}、c_{cr} 分别为修正后的临界间距和临界边距。

式(5-20)中 $\psi_{ed,N}$ (95%保障率的修正系数)可取 ACI 318 中的经验值。

根据以上的研究结果，可归纳后植大直径锚栓的群锚设计方法的计算过程如下：

(1) 由式 $N_u = \tau \pi d h_{ef}$ 根据黏结剂产品供应商提供的黏结强度值或通过相关国家标准试验获得黏结剂的设计黏结强度取值，来确定 N_u。

(2) 根据锚固区域空间设计或需要获得的单锚承载能力，由 $s_{cr} = 2c_{cr} = 18d\left(\frac{\tau}{10}\right)^{0.5}$ 求得群锚的临界距离。

(3) 由 $\psi_{g,No} = \sqrt{n} - \left(\sqrt{n} - 1\right)\left(\frac{\tau}{\tau_{\max}}\right)^{1.5} \geqslant 1.0$ 和 $\psi_{g,N} = \psi_{g,No} - \frac{s}{s_{cr}}\left(\psi_{g,No} - 1\right)$ 计算最终的修正系数 $\psi_{g,N}$。

(4) 将由(1)～(3)求得的各项参数代入式 $\bar{N}_u = \frac{A_{Nc}}{A_{Nco}} \psi_{ed,N} \psi_{g,N} N_u$，可得到设计条件下后植大直径群锚组合中单锚的设计承载能力。

后植大直径锚栓的设计内容主要为抗拉和抗剪设计，及其拉剪的组合工况。由于后植大直径锚栓的抗剪问题与后植机械式锚栓的抗剪问题在力学原理上是一致的，其抗剪设计可采用 ACI 318 中后植机械式锚栓的相关设计方法，工况组合亦可采用 ACI 318 中相关规定和方法。

5.3 后植大直径锚栓的应用验证

5.3.1 重庆市轨道交通某车站大型立式风机悬吊安装设计

重庆市轨道交通某车站穿过市区一重要商圈，车站呈东-西向布置，车站大小里程均为暗挖区间隧道，与远期规划的另一轨道线路呈“十”交叉型换乘。车站主体结构为地下两层(局部单层)侧式车站，单侧站台最大宽度 9.0m，共设 3 组风亭及 6 个出入口。由于该车站地处城市商业中心，且为重要的换乘站点，客流密度大，对车站的运营通风和应急通风要求较高。经过对车站通风换气计算后设计采用 HTF-20136 型立式风机，风机总重量为 8.6t。由于风机下端接车站风道无较可靠的锚固空间，故而采用风机主要重量由上部结构承担的悬吊式安装方式，如图 5-12 所示。

图 5-12 重庆市轨道交通某车站立式风机吊装照片

5.3.1.1 设计的初始条件

(1)设计荷载标准值：按铁路和公路隧道等相关设计规范要求，悬吊安装风机按静荷载值进行设计时需按 10 倍风机重量考虑，即运营设计荷载为 N_{sd} =860kN。

(2)锚固系统基本参数：

锚基：C30，$f_{cu,k}$=30MPa；

锚基厚度：H=400mm，无密集配筋；

锚栓边距：c_1=200mm。

5.3.1.2　抗拉承载能力验算

1. 采用本章方法

选用 Q345 钢加工直径为ϕ36mm 的螺纹锚栓，锚栓埋置深度 $h_{ef}=8d=288\text{mm}$，黏结剂选用喜利得 HIT-RE500 植筋胶，产品生产厂商推荐黏结强度 15.0MPa，通过拉拔试验确定的黏结强度为 11.64MPa。

$$N_u=\tau\pi dh_{ef}=11.64\times3.14\times36\times288=378.95\text{kN}$$

$$s_{cr}=2c_{cr}=18d\left(\frac{\tau}{10}\right)^{0.5}=18\times36\times\left(\frac{11.64}{10}\right)^{0.5}=699\text{mm}$$

$$\psi_{g,No}=1.0$$

$$\psi_{g,N}=\psi_{g,No}-\frac{s}{s_{cr}}(\psi_{g,No}-1)=1.0$$

$$A_{Nco}=s_{cr}^2=699^2=488601\text{mm}^2$$

$$A_{Nc}=s_{cr}(c_1+c_{cr})=699\times(200+699/2)=384100.5\text{mm}^2$$

$$\bar{N}_u=\frac{A_{Nc}}{A_{Nco}}\psi_{ed,N}\psi_{g,N}N_u=\frac{384100.5}{488601}\times1.0\times1.0\times378.95=297.9\text{kN}$$

若安全系数取 2.0，锚固此立式悬吊安装风机需要的锚栓数为

$$\frac{2N_{sd}}{\bar{N}_u}=\frac{2\times860}{297.9}=5.77$$

取锚栓数为 6 根可满足设计要求的安全锚固承载力。

2. 采用商品成套锚栓组合方法

选用 MKTB[62-64]胶管式化学锚栓 VAM16，查产品技术表得到以下技术参数：

锚栓直径 d=16mm，锚固深度 h_{ef}=150mm；

基材厚度最小值 $h_{\min}$=220mm<H=400mm；

混凝土理想锥体受拉破坏的锚栓临界间距 $s_{cr,N}$=2$c_{cr,N}$=3h_{ef}=450mm；

混凝土理想锥体劈裂破坏的锚栓临界边距 $c_{cr,sp}$=90mm；

混凝土理想锥体劈裂破坏的锚栓临界间距 $s_{cr,sp}$=180mm；

混凝土锥体破坏和混合破坏的受拉承载力标准值 $N_{Rk,c1}$=$N_{Rk,p}$=35kN；

混凝土锥体破坏受拉承载力分项系数和混合破坏受拉承载力分项系数分别为 $\gamma_{Rc,N}=\gamma_{Rk,p}=1.8$；

影响系数 $\psi_c=1.06$。

(1) 锚栓拔出破坏

混凝土强度为 C30 时，混合破坏受拉承载力设计值为 $N_{Rd,p}=\psi_c\dfrac{N_{Rk,p}}{\gamma_{Rk,p}}$

$=\dfrac{1.06\times35}{1.8}=20.6\text{kN}$，则：$\dfrac{N_{sd}}{N_{Rd,p}}=\dfrac{860}{20.6}=41.75$，在锚栓拔出破坏时需要 42 根 ϕ 16mm 商品成套锚栓。

(2)混凝土锥体破坏

混凝土锥体破坏受拉承载力标准值 $N_{Rk,c}=N_{Rk,c}^{0}\dfrac{A_{Nc}}{A_{Nco}}\psi_{s,N}\psi_{re,N}\psi_{ec,N}\psi_{ucr,N}$

无间距、边距影响时，单个锚栓的受拉承载力标准值 $N_{Rk,c}^{0}=\psi_{c}N_{Rk,p}=1.06\times35=37.1\text{kN}$

$$A_{Nco}=s_{cr,N}^{2}=450^{2}=202500\text{mm}^{2}$$

$$A_{Nc}=s_{cr,N}(c_{1}+c_{cr,N})=450\times(200+225)=191250\text{mm}^{2}$$

$$\psi_{s,N}=0.7+0.3\frac{c_{1}}{c_{cr,N}}=0.7+0.3\times\frac{200}{225}=0.967$$

$$\psi_{re,N}=1.0,\quad \psi_{ec,N}=1.0,\quad \psi_{ucr,N}=1.0$$

$$N_{Rk,c}=N_{Rk,c}^{0}\frac{A_{Nc}}{A_{Nco}}\psi_{s,N}\psi_{re,N}\psi_{ec,N}\psi_{ucr,N}=37.1\times\frac{191250}{202500}\times1.0\times1.0\times1.0\times0.967$$

$$=33.88\text{kN}$$

混凝土锥体破坏受拉承载力设计值 $N_{Rd,c}=\psi_{c}\dfrac{N_{Rk,c}}{\gamma_{Rc,N}}=\dfrac{1.06\times33.88}{1.8}=19.95\text{kN}$

则：$\dfrac{N_{sd}}{N_{Rd,c}}=\dfrac{860}{19.95}=43.11$，需要 44 根 ϕ 16mm 商品成套锚栓。由本章方法确定的大直径锚栓较小直径锚栓有更加方便的安装可行性。

5.3.2 贵州某特大桥索塔塔吊后锚加固设计

贵州某特大桥全长 1461m，主跨 800m，主塔采用 H 型桥塔，主桥为双塔双索面混合梁斜拉。其中最高索塔为 258.2m，设计桥面距跨越河流水面约 300m。该桥为目前世界第二大跨径钢桁斜拉桥，贵州省最大跨径的斜拉桥，如图 5-13 所示。

图 5-13 贵州某特大钢桁斜拉桥

在进行主梁钢锚梁吊装时，塔吊远端荷载将接近 10t，由此给塔吊顶端段预埋锚固稳定系统带来风险，根据荷载特点和主塔塔吊预埋锚固系统节段长度特点，在顶端最后两节预埋锚固系统间各布置一组群锚系统(图 5-14)，以增加塔吊塔身承载和稳定性。

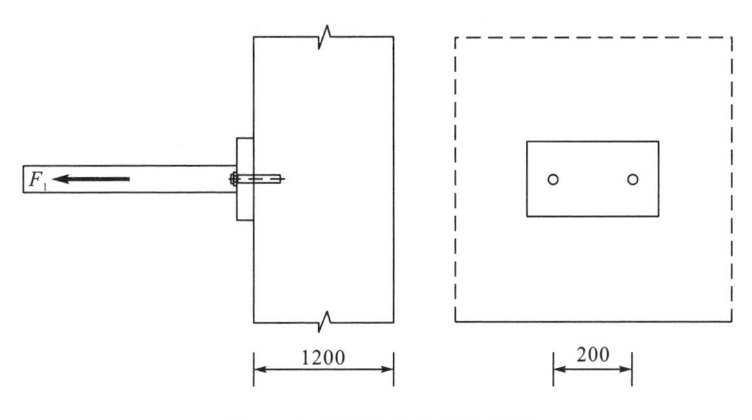

图 5-14　锚固方案受力示意图

5.3.2.1　设计的初始条件

(1) 设计荷载标准值：悬吊安装风机按静荷载值进行设计时需按 10 倍风机重量考虑，即运营设计荷载为 N_{sd}=300kN。

(2) 锚固系统基本参数：

锚基：C50，$f_{cu,k}$=50MPa；

锚基厚度：H=1200mm；

锚栓边距：c_1=100mm；

锚栓间距：s=200mm；

刚性锚板尺寸：400mm×200mm。

5.3.2.2　抗拉承载能力验算

1. 采用本章方法

选用 Q345 钢加工直径为 ϕ48mm 的螺纹锚栓，锚栓埋置深度 $h_{ef}=8d=384\text{mm}$，黏结剂选用喜利得 HIT-RE500 植筋胶，产品生产厂商推荐黏结强度 15.0MPa，通过拉拔试验确定的黏结强度为 9.45MPa(忽略混凝土强度提高对黏结强度的正面影响)。

$$N_u=\tau\pi d h_{ef}=9.45\times3.14\times48\times384=546.93\text{kN}$$

$$s_{cr}=2c_{cr}=18d\left(\frac{\tau}{10}\right)^{0.5}=18\times48\times\left(\frac{9.45}{10}\right)^{0.5}=840\text{mm}$$

$\psi_{g,No}=1.0$

$\psi_{g,N}=\psi_{g,No}-\frac{s}{s_{cr}}(\psi_{g,No}-1)=1.0$

$A_{Nco}=s_{cr}^2=840^2=705600\text{mm}^2$

$A_{Nc}=s_{cr}(c_1+c_{cr})=840\times(100+840/2)=436800\text{mm}^2$

$\bar{N}_u=\frac{A_{Nc}}{A_{Nco}}\psi_{ed,N}\psi_{g,N}N_u=\frac{436800}{705600}\times1.0\times1.0\times546.93=338.58\text{kN}$

若安全系数取 2.0，此双锚栓的群锚系统能承受的最大拉力为 338.58kN，能满足荷载设计要求。

2. 采用商品成套锚栓组合方法

选用 MKTB 胶管式化学锚栓 VAM16。查产品技术表得到以下技术参数：

$d=16\text{mm}$， $h_{ef}=150\text{mm}$， $h_{\min}=220\text{mm}<H=1200\text{mm}$

$s_{cr,N}=2c_{cr,N}=3h_{ef}=450\text{mm}$

$\gamma_{Rc,N}=\gamma_{Rk,p}=1.8$

仅考虑混凝土锥体破坏的 CCD 模式，则：

$N_{Rk,c}=N_{Rk,c}^0\frac{A_{Nc}}{A_{Nco}}\psi_{s,N}\psi_{re,N}\psi_{ec,N}\psi_{ucr,N}$

$N_{Rk,c}^0=0.75\times15.5\sqrt{f_{cu,k}}h_{ef}^{1.5}=0.75\times15.5\times\sqrt{50}\times150^{1.5}=151\text{kN}$

$A_{Nco}=s_{cr,N}^2=450^2=202500\text{mm}^2$

$A_{Nc}=(c_1+c_{cr,N})s_{cr,N}=(100+225)\times450=146250\text{mm}^2$

$\psi_{s,N}=0.7+0.3\frac{c_1}{c_{cr,N}}=0.7+0.3\times\frac{100}{225}=0.83$

$\psi_{re,N}=1.0$， $\psi_{ec,N}=1.0$， $\psi_{ucr,N}=1.0$

$N_{Rk,c}=N_{Rk,c}^0\frac{A_{Nc}}{A_{Nco}}\psi_{s,N}\psi_{re,N}\psi_{ec,N}\psi_{ucr,N}=151\times\frac{146250}{202500}\times0.83\times1.0\times1.0\times1.0=90.5\text{kN}$

设计值 $N_{Rd,c}=\psi_c\frac{N_{Rk,c}}{\gamma_{Rc,N}}=1.06\times\frac{90.5}{1.8}=53.3\text{kN}$

此双锚栓的群锚系统能承受的最大拉力为 $2N_{Rd,c}=106.6\text{kN}$，不能满足荷载设计要求。

5.4 本 章 小 结

采用变参数的分析方法，考虑黏结强度 τ、锚栓直径 d、埋深 h_{ef}、锚栓间距 s 的变化关系，并在 ACI 318 群锚设计方法的基础上提出了适用于大直径后植锚栓群锚的设计方法。得到的主要结论如下：

(1) 利用变化主要设计参数的方法，在数值分析成果的基础上，确定了临界锚栓距离 s_{cr} 的计算公式。

(2) 考虑到黏结面积变化对黏结剂后植大直径锚栓的影响，在 ACI 318 公式的基础上增加了承载能力修正因子 $\psi_{g,N}$，并给出了其计算方法。

(3) 分析了参数对临界距离 s_{cr} 的影响，并在数值分析成果基础上明确了其数值上的关系：锚栓埋深 h_{ef} 对 s_{cr} 的影响是微弱可忽略的，锚栓直径 d 和平均黏结强度 τ 对 s_{cr} 有较大的影响，并通过数据的回归分析确定了其数学上的关系。

(4) 在 ACI 318 群锚设计方法的基础上，采用增加承载能力修正因子 $\psi_{g,N}$ 和不同的 s_{cr} 确定方法，给出了后植大直径锚栓群锚设计的单锚设计公式。

(5) 将本章提出的后植大直径锚栓群锚的设计公式与第 3 章中的试验实测数据结果进行了对比分析，验证了所提出设计方法的合理性。将提出的设计方法在实际工程中进行了应用验证。

参考文献

[1] Zhao N Y, Zhang J B, Jiang H F. Analysis on the Tensile Strength of Post-Installed Large-Diameter Anchors in Concrete[J]. Journal of Engineering Science and Technology Review, 2019, 12(5):112-121.

[2] 魏强，赵国堂，蔡小培．CRTSⅡ型板式轨道台后锚固结构研究[J]．铁道学报, 2013, 35(7)：90-95.

[3] 杜锋．深圳地铁 9 号线盾构法隧道管片预埋滑槽设计研究及探讨[J]．隧道建设, 2014, 34(3)：249-253.

[4] 董伟，刘平原，王义民．定型化学锚栓在地铁机电工程中的应用[J]．市政技术, 2010, 28(11)：435-436.

[5] 黄春. 高速铁路接触网安装化学锚栓拉剪破坏模式及适应性研究[D]. 成都：成都理工大学, 2011.

[6] 孟祥武. 广州新客站大跨候车厅网架设计及 M100 超高强锚栓的应用[J]. 工业建筑, 1998, 28(7):1-3.

[7] 潘立. 混凝土结构后锚固连接技术若干问题的研究[J]. 建筑结构, 2006, 36(9): 17-21.

[8] 刘永杰. 环氧砂浆在锚固大直径地脚锚栓中的应用[J]. 沈阳建筑工程学院学报, 2003, 19(4): 289-291.

[9] 周小勇，胡志勇. 武汉天兴州长江大桥大直径锚栓安装技术[J]. 施工技术, 2009, 38(1): 22-23.

[10] 张健，澎湃，吕黄兵. 高强度大直径预应力地脚锚栓制作技术[J]. 钢结构, 2014, 29(5): 59-61.

[11] 邹敏勇，郑修典，王忠彬. 泰州长江公路大桥三塔悬索桥中塔方案设计[J]. 世界桥梁, 2008(1): 5-7.

[12] 赵宁雨，陈卓．后植大直径锚栓的非线性数值分析与试验对比[J]．建筑结构, 2015, 45(2)：36-41.

[13] 中铁电气化勘察设计院．电气化铁道接触网零部件技术条件(TB/T 2073—2010)[S]. 北京：中国铁道出版社, 2010.

[14] 江建华. 大直径后置锚栓的探索[J]. 四川建筑, 2013, 33(2): 179-184.

[15] 黎伟. 环氧砂浆锚固大直径基础锚栓[J]. 工业建筑, 1997, 27(8): 55-57.

[16] 杨根喜，濮志锋，张学宏. 用钢板膨胀锚栓加固钢筋混凝土梁的探讨[J]. 建筑结构, 2001, 31(3)：46-52.

[17] 董建尧. 芜湖长江大跨越塔高强度锚栓的设计[J]. 电力建设, 2003, 24(4): 30-32.

[18] 韩启云，王超，单长孝. 铁塔锚栓紧固新工艺在特高压工程中的应用[J]. 安徽电力, 2014, 31(2): 31-34.

[19] ETAG No.001. Guideline for European Technical Approval of Metal Anchors for Use in Concrete Annex C: Design Methods for Anchorages[S]. Brussels: EOTA, 1997.

[20] ACI 355.2. Provisional Test Method for Evaluating the Performance of Post-in-stalled Mechanical Fasteners in Concrete[S].

[21] AC308. Acceptance Criteria for Post-installed Adhesive Anchors in Concrete Elements[S]. ICC-ES Evaluation Committee, 2005.

[22] ACI 318-05. Building Code Requirements for Structural Concrete and Commentary[S]. American Concrete Institute, Farmington Hills, MI, 2005.

[23] 刘启真，唐兴荣. 约束拉拔植筋锚固性能的试验研究[J]. 苏州科技大学学报(工程技术版), 2020, 33(2)：18-22.

[24] 中国建筑科学研究院. 混凝土结构后锚固技术规程(JGJ 145—2013)[S]. 北京：中国建筑工业出版社, 2013.

[25] 混凝土用膨胀型、扩孔型建筑锚栓(JG 160—2004)[S]. 北京：中国标准出版社, 2004.

[26] 吕西林. 建筑结构加固设计[M]. 北京: 科学出版社, 2001.

[27] 曹业民, 李学玉. 大直径螺栓种植技术[J]. 四川建筑, 2011, 31(4): 175-177.

[28] Collins D M. Load Deflection Behavior of Cast-In-Place and Retrofit Concrete Anchors Subjected to Static, Fatigue and Impact Tensile Loads[R]. Research Report, Center for Transportation Research, University of Texas at Austin, 1989.

[29] Meszaros J, Eligehausen R. Confined Tests with Bonded Anchors (Injection Type) M8 and M12[R]. IWB-Report No. 20/05-96/17, Stuttgart, 1996.

[30] Cook R A. Behavior of Chemically Bonded Anchors[J]. ASCE Journal of Structural Engineering, 1993, 119(9): 2744-2762.

[31] Luke P C C, Chon C, Jirsa J O. Use of Epoxies for Grouting Reinforcing Bar Dowels in Concrete[R].PMFSEL Report No.85-2, 1985.

[32] Doerr G T. Adhension Anchors: Behavior and Spacing Requirements[R]. Research Report, Center for Transportation Research, University of Texas at Austin, 1989.

[33] 郭战胜, 邹超英. 化学粘结栓的弹性分析及设计建议[J]. 哈尔滨建筑大学学报, 2002, 35(2): 35-39.

[34] Yang S T, Wu Z M, Hu X Z, et al. Theoretical Analysis on Pullout of Anchor from Anchor-Mortar-Concrete Anchorage System[J]. Engineering Fracture Mechanics, 2007, 75(5): 961-985.

[35] 周新刚, 王尤选, 曲淑英. 混凝土植筋锚固极限承载能力分析[J]. 工程力学, 2002, 19(6): 82-86.

[36] 李帆, 王荣霞. 植筋混凝土锚固性能试验研究[J]. 自然灾害学报, 2010, 19(5): 108-114.

[37] Eligehausen R, Cook R A, Appl J. Behavior and Design of Adhesive Bonded Anchors[J]. ACI Structural Journal, 2006,103(6): 822-831.

[38] Lehr B, Eligehausen R. Centric Tensile Tests of Quadruple Fastenings with Bonded Anchors[R]. IWB-Report No. 20/07-96/20, Stuttgart, 1998.

[39] Cook R A, Bishop M C, Hagedoorn H S. Adhesive Bonded Anchors: Bonded Properties and Effects of In-Service and Installation Conditions[R]. Structural and Materials Research Report No.94-2A, University of Florida, 1994.

[40] Fuchs W, Eligehausen R, Breen J E. Concrete Capacity Design (CCD) Approach for Fastening to Concrete[J]. ACI Structural Journal, 1995, 92(1): 73-94.

[41] Mccartney L N, Pierse C. Stress Transfer Mechanics for Multiple Ply Laminates for Axial Loading and Bending[C]//11th International Conference on Composite Materials (ICCM-11), vol. V: Textile Composites and Characterisation,1997:662-671.

[42] Cook R A, Fagundo F E, Richardson D. Effect of External Elevated Temperatures on the Bond Performance of Epoxy-coated Prestressing Strands[J]. PCI Journal, 1997, 42(1): 68-75.

[43] Cones M A. Analysis of Tests on Grouting of Anchor Bolts into Hardened Concrete[R]. The Annual American Concrete Institute Convention, Atlanta, Ga, American, 1982.

[44] James R W, Guardia C, McCreary C R. Strength of Epoxy-Grouted Anchor Bolts in Concrete[J]. Journal of Structural Engineering, 1987, 113(12): 2365-2381.

[45] Cook R A, Kunz J, Fuchs W, et al. Behavior and Design of Single Adhesive Anchors under Tensile Load in Uncracked Concrete[J]. ACI Structural Journal, 1998, 95(1): 9-26.

[46] Spieth H A, Eligehausen R. Bewehrungsanschlüsse mit Nachträglich Eingemörtelten Bewehrungsstäben[J]. Beton-und Stahlbetonbau, 2002, 97(9): 445-459.

[47] Yang K H, Ashour A F. Mechanism Analysis for Concrete Breakout Capacity of Single Anchors in Tension[J]. ACI Structural Journal, 2008, 105(5): 609-616.

[48] Appl J, Eligehausen R. Groups of Bonded Anchors-Design Concept[R]. Stuttgart: University of Stuttgart, 2003.

[49] McVay M, Cook R A, Krishnamurthy K. Pullout Simulation of Postinstalled Chemically Bonded Anchors[J]. American Society of Civil Engineers,1996, 122(9): 1016-1024.

[50] 徐芝纶. 弹性力学(第 4 版)[M]. 北京：高等教育出版社, 2006.

[51] 丁同仁. 常微分方程[M]. 北京：高等教育出版社, 2010.

[52] Cook R A, Doerr G T, Klingner R E. Bond Stress Model for Design of Adhesive Anchors[J]. ACI Structural Journal, 1993: 514-524.

[53] Luke P C C, Eligehausen R. Confined Tests with Bonded Anchors M16(Injection Type)[R]. IWB-Report No. 20/15-97/20, Stuttgart, 1997.

[54] Ye J Q, Sheng H Y, Qin Q H. A State Space Finite Element for Laminated Composites with Free Edges and Subjected to Transverse and in-plane Loads[J]. Computers & Structures, 2004, 82(15-16):1131-1141.

[55] Lehr B, Li Y, Eligehausen R, et al. 3D Numerical Analysis of Quadruple Fastenings with Bonded Anchors[R]. IWB-Bericht 99/10 – 2/16, Stuttgart, 1999.

[56] Zamora N A, Cook R A, Konz R C, et al. Behavior and Design of Single, Headed and Unheaded Grouted Anchors under Tensile Load[J]. ACI Structural Journal, 2003, 4 (15-16): 222-230.

[57] 过镇海. 钢筋混凝土原理[M]. 北京：清华大学出版社, 1999.

[58] 莱昂哈特. 钢筋混凝土结构裂缝与变形的验算[M]. 北京：水利电力出版社, 1983.

[59] 中华人民共和国建设部. 混凝土结构设计规范(GB 50010—2010)[S]. 北京：中国建筑工业出版社, 2010.

[60] Pukl R, Ozbolt J, Eligehausen R. Load-Carring Behavior of Bonded Anchors Based on FEM-Analysis[R]. IWB-Report No. 98/3-2/3, Stuttgart, 1998.

[61] Lubliner J, Oliver J, Oller S, et al. A Plastic-Damage Model for Concrete[J]. International Journal of Solids and Structures, 1989, 25(3): 299-326.

[62] Lee J, Fenves G L. Plastic Damage Model for Cyclic Loading of Concrete Structures[J]. Journal of Engineering Mechanics, 1998, 124(8): 892-900.

[63] Gasser T C, Holzapfel G A. Modeling 3D Crack Propagation in Unreinforced Concrete Using PUFEM[J]. Computer Methods in Applied Mechanics and Engineering, 2005, 194: 2859-2896.

[64] Li Y J, Lehr B. 3D Numerical Analysis of Quadruple Fastenings with Bonded Anchors[R]. Beitragim Jahresbericht 1997/98 Aktivities, Stuttgart, 1999.

[65] NA to BS EN 1992-1-1-2004, 欧洲法规 2 的英国国家附录:混凝土结构的设计.第 1-1 部分:建筑物用规则和一般规则[S].

[66] 童根树, 吴光美. 钢柱脚单个锚栓的承载力设计[J]. 建筑结构, 2004, 34(2)：10-14.

[67] 中华人民共和国建设部. 混凝土结构设计规范(GB 50010—2002)[S]. 北京：中国建筑工业出版社, 2002.

[68] Simo J C, Ju J W, Pister K S, et al. Asessment of Cap Model, Consistent Return Algorithmus and Rate-Dependent Extension[J]. Journal of Engineering Mechanics, ASCE, 1998, 114(2): 126-138.

[69] Sandler I S, DiMaggio F L, Baladi G Y. Generalized Cap Model for Geological Materials[J]. Journal of Geotechnical Engineering, ASCE, 1976, 102: 683-699.

[70] 刘沈如，张其林，倪建公，等. 单个锚栓抗拉承载力试验研究及有限元分析[J]. 建筑结构，2008，38(10)：102-105.

[71] Mccartney L N. Stress Transfer Mechanics for Ply Cracks in General Symmetric Laminates[J]. NPL Report CMMT (A) 50, National Physical Laboratory, Teddington, 1996.

[72] Muratli H, Klingner R E, Iii H L G. Breakout Capacity of Anchors in Concrete-Part 2: Shear[J]. ACI Structural Journal, 2004, 101(6): 821-829.

[73] Zavliaris K D. An Experimental Study of Adhesively Bonded Anchorages in Concrete[J]. Magazine of Concrete Research, 1996, 48(175): 79-93.

[74] 项凯，陆洲导，李杰. 混凝土结构后锚固群锚的抗剪承载力实验[J]. 沈阳建筑大学学报(自然科学版)，2008，24(6): 985-988.

[75] 曹立金，陆洲导. 混凝土后锚固群锚中心抗剪性能研究综述[J]. 结构工程师, 2008, 24(6):144-149.

[76] Lehr B, Eligehausen R. Confined and Unconfined Axial Tensile Tests with Single Bonded Anchors M8, M12 and M16 (mortar SP)[R]. IWB-Report No. 20/15-97/18, Stuttgart, 1997.

[77] Ozbolt J. Microplane Model for Quasibrittle Materials-Part I Theorie[R]. IWB-Report No. 96-1a / AF, Stuttgart, 1996.

[78] Ozbolt J, Li Y J, Kozar I. Microplane Model for Quasibrittle Materials -Part II Verification and Numerical Examples for Concrete[R]. IWB-Report No. 96-1b / AF, Stuttgart, 1996.

[79] CEB. Fastanings to Concrete and Masonry Structures[M]. London: Thomas Telford, 1994.

[80] Lehr B, Eligehausen R. Unconfined Axial Tensile Tests of Single Bonded Anchors in Non-cracked Concrete Far Away from the Edge[R]. IWB-Report No.20/14-97/17, Stuttgart, 1997.

[81] Popo-Ola S O, Newman J B. Central Tensile Tests of Bonded Anchors in Non-cracked Concrete[R]. IWB-Report No. 20/3-95/17, London/Stuttgart, 1995.

[82] Schou A, Christiansen M W, Andersen R. Fracture Analysis of Bonded Anchors[D]. Institutfür Werkstoffeim Bauwesen, Stuttgart/Aalborg, 1996.

[83] Mendez A, Morse T F, Mendez F. Applications of Embedded Fiber Optic Sensors in Reinforced Concrete Buildings and Structures[J]. SPIE, 1992(1170): 60 -69.

[84] Rossi P, Lemaou F. New Method for Detecting Cracks in Concrete Using Fiber Optics[J]. Materials and Structures, 1989, 22(6): 437-442.

[85] Carolyn D, Willian M. Crack and Damage Assessment in Concrete and Polymer Materials Using Liquids Released Internally from Hollow Optical Fibers[J]. SPIE, 1996, 2718: 448-451.

[86] Krishnamurthy K. Development of a Viscoplastic Consistent-Tangent FEM Model with Applications to Adhesive-Bonded Anchors[D]. Gainesville: University of Florida, 1996.

附　　录

图 4-8　胶体破坏示意图

(a) 1/4几何模型侧视图

(b) 1/4几何模型俯视图

(c) 网格划分情况

图 4-10　胶体黏结强度数值试验 1/4 几何模型

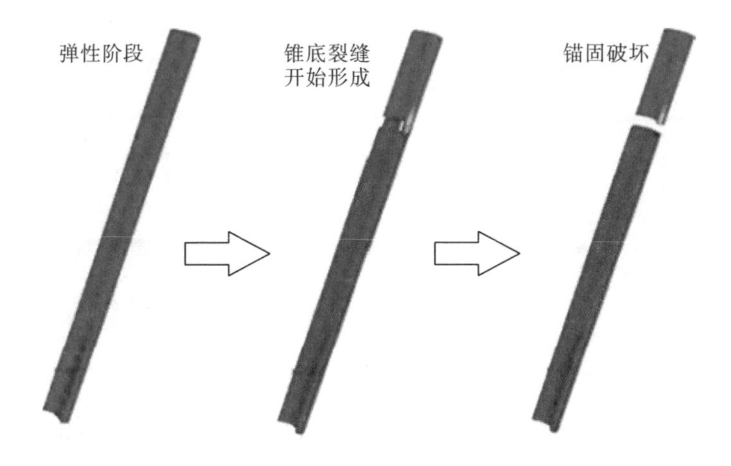

(a) 胶层破坏过程

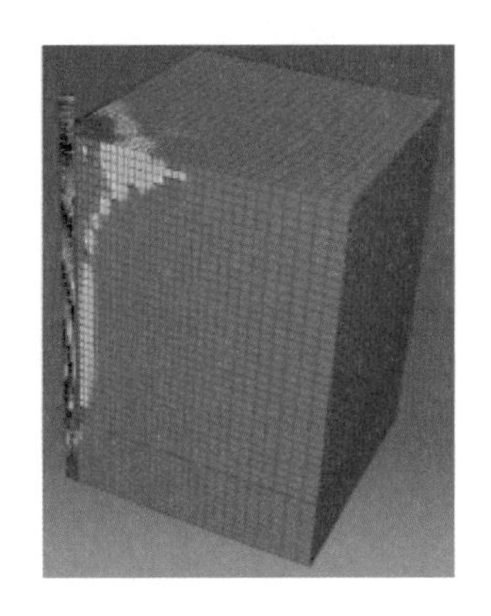

(b) 混凝土损伤情况

图 4-11　极限荷载时锚固系统破坏情况(D=48 和 90mm，h_{ef} =12D)

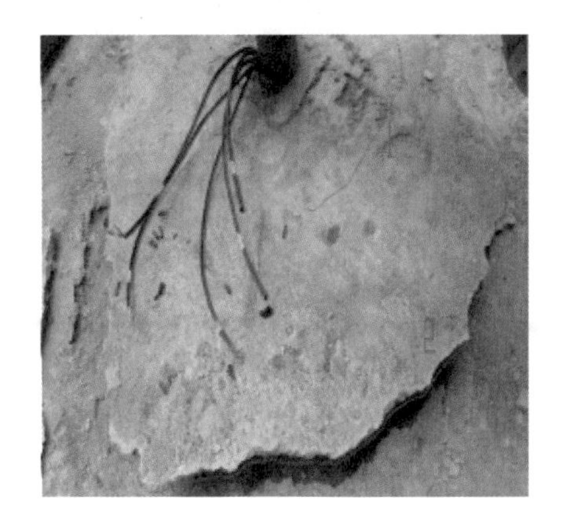

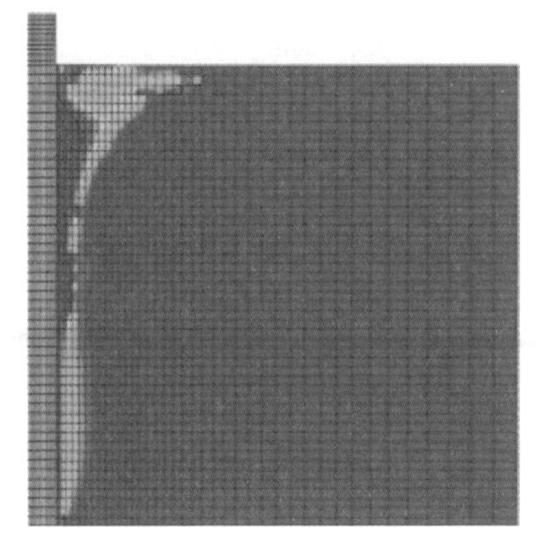

图 4-12　试验和数值模型的双锥体破坏

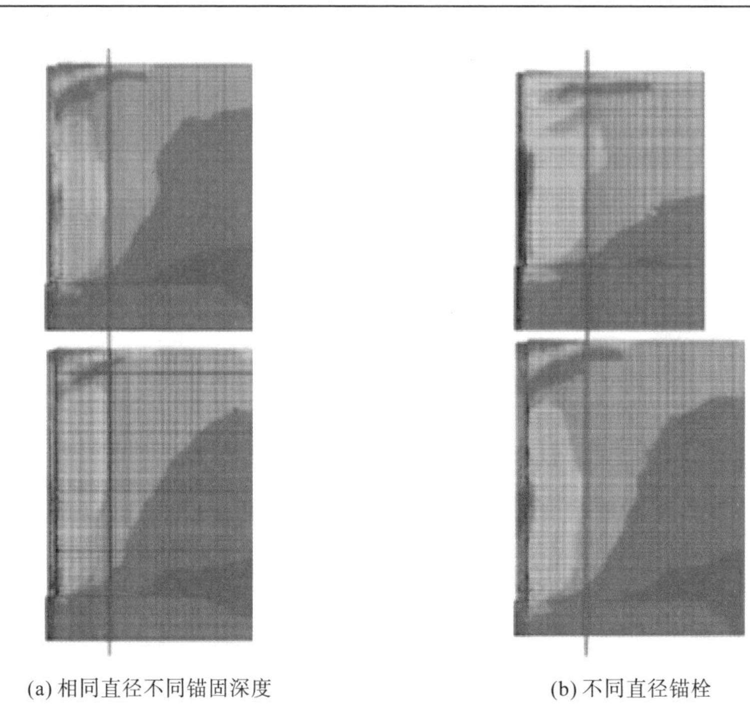

(a) 相同直径不同锚固深度　　(b) 不同直径锚栓

图 4-18　极限荷载时混凝土中轴向压应力区分布图

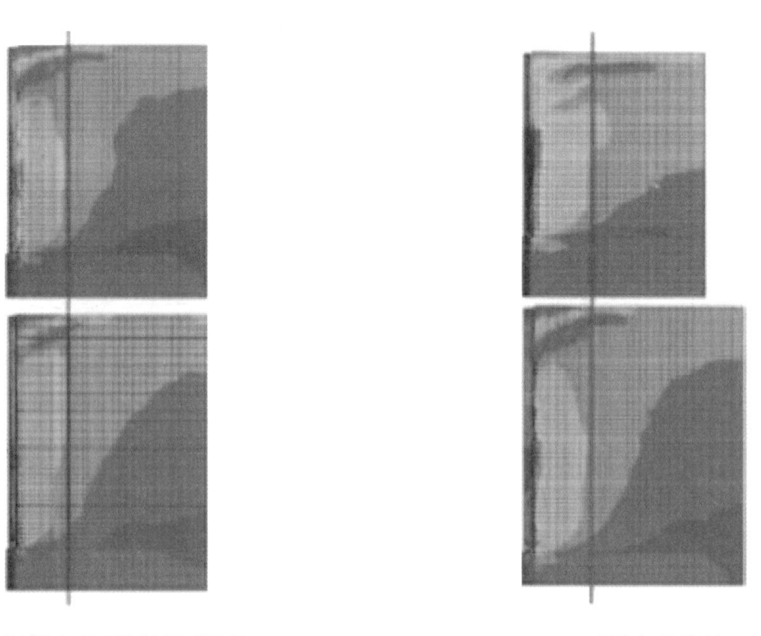

(a) 相同直径不同锚固深度　　(b) 不同直径锚栓

图 5-5　极限荷载时混凝土中轴向压应力区分布图